乡村特色农业实用技术丛书

核桃栽培与 病虫害防治技术

◎陈　新　相　昆　宫庆涛　张士刚　主编

中国农业科学技术出版社

图书在版编目（CIP）数据

核桃栽培与病虫害防治技术／陈新等主编. —北京：中国农业科学技术出版社，2021.1

（乡村特色农业实用技术丛书）

ISBN 978-7-5116-4883-9

Ⅰ.①核… Ⅱ.①陈… Ⅲ.①核桃-果树园艺②核桃-病虫害防治 Ⅳ.①S664.1②S436.64

中国版本图书馆 CIP 数据核字（2020）第 131224 号

责任编辑	陶　莲
责任校对	李向荣

出 版 者	中国农业科学技术出版社
	北京市中关村南大街 12 号　邮编：100081
电　　话	（010）82106625（编辑室）　（010）82109704（发行部）
	（010）82109709（读者服务部）
传　　真	（010）82106625
网　　址	http://www.castp.cn
经 销 者	各地新华书店
印 刷 者	廊坊佰利得印刷有限公司
开　　本	880mm×1 230mm　1/32
印　　张	4.75
字　　数	115 千字
版　　次	2021 年 1 月第 1 版　2021 年 1 月第 1 次印刷
定　　价	19.80 元

前　言
PREFACE

　　核桃作为重要的生态经济型树种，广为农民栽培。20世纪90年代由于核桃繁育方法的落后导致我国核桃生产中一直习惯性沿用实生繁殖，核桃树结果晚、结果少。加之一些地方立地条件选择不当、管理粗放、生产中病虫害发生严重、品质良莠不齐等问题突出，单产低，商品价值低，经济效益低，市场竞争力不足。再加上近年来气候变化异常，倒春寒和病虫害发生频繁，加重了核农的经济损失。如何提高核农的管理水平进而提高我国核桃产量及品质，是核桃生产面临的突出问题。

　　本书针对以上问题，编者在查阅参考资料的基础上，吸收国内外核桃科研成果及丰产栽培新技术，本着通俗易懂、简单实用的原则，编写了《核桃栽培与病虫害防治技术》一书，供广大核农参阅，内容系统地介绍了核桃种植的知识，内容包括核桃概述、核桃主栽品种、核桃良种培育技术、建园与种植、土肥水管理、核桃整形修剪技术、花果管理技术、核桃的采收与处理技术和核桃病虫害防治技术等。期望以良种生产为突破口，加强科学管理，力求通过良种良法的示范栽培，达到核桃优质丰产高效的目的，保障核桃产业的健康可持续发展。

由于水平有限，书中不足之处在所难免，敬请广大读者不吝批评指正。

编　者

2020 年 6 月

目 录
CONTENTS

第一章　核桃概述

第一节　经济意义

核桃是重要的经济林树种，位居世界四大干果（核桃、扁桃、阿月浑子、榛子）之首，也是中国重要的木本粮油战略树种。

近年来，党和国家把发展木本粮油作为提升粮油安全保障能力的重要战略举措，先后出台了系列政策措施予以支持，核桃被列为重点优势发展树种之一，全国确定了 288 个重点基地县，明确了主攻方向、重点任务和保障措施，这对核桃产业发展产生了巨大的推动作用，其发展势头迅猛，种植面积迅速增加。2012 年全国核桃栽培总面积 555 万公顷（1 公顷＝15 亩，1 亩≈667m²，全书同），占全国经济林总面积的 14.96%，年产核桃 201 万吨，产值 906 亿元。

核桃作为重要的坚果类经济树种，除了核桃仁具有食用价值外，其枝干、根、枝、叶、青皮都有一定的利用价值。

一、食用价值

核桃仁和人的大脑形状相似，所以长期被作为一种益智并且美味的坚果。核桃仁含有非常丰富的对于人体健康有益的营养物质。据测定，每 100 克核桃仁含优质脂肪 63.0～70.0 克，蛋白质 14.6～25.0 克，碳水化合物 5.4～10.0 克，磷 280 毫克，钙 85.0 毫克，铁 2.6 毫克，钾 3.0 毫克，维生素 A 0.36 毫克，维生素 B_1 0.26 毫克，

维生素 B_2 0.15 毫克，烟酸 1.0 毫克，核黄素 0.11 毫克，烟酸 1.0 毫克，硫胺素 0.17 毫克。核桃不仅营养丰富，并且使用方式也是多样化。

（一）直接使用

核桃仁营养价值极高、风味独特，其中脂肪含量60%~75%，被称为植物中的油王，特别是脂肪中的不饱和脂肪酸占90%以上，主要是人体必需脂肪酸——亚油酸、亚麻酸及油酸，特别是预防心脑血管疾病的 ω-3 多不饱和脂肪酸（亚麻酸）含量位于常见坚果之首；蛋白质含量占15%~22%，其中人体可吸收性蛋白在96%以上，与大豆、花生、杏仁、榛子、鸡蛋相比是最高的；所含的 18 种氨基酸总量占核桃仁的20%左右，另外 8 种人体必需的氨基酸含量都较高，另外精氨酸和鸟氨酸能刺激脑垂体分泌生长激素，控制多余的脂肪形成；核桃较之其他某些干鲜果品，碳水化合物含量较低，但矿物质和某些维生素的含量较高，矿质元素有磷、钾、钙、镁、铜、铁、锌等；此外，还有丰富的维生素（维生素 E、胡萝卜素、硫胺素、核黄素等）、多酚、类黄酮、磷脂、褪黑素等多种功效成分，是世界公认的保健食品，具有健脑益智、预防心脑血管疾病、抗癌、补肾强体、抗衰老、美容等多种保健作用。

（二）食用加工原料

核桃仁除直接食用外，常用作各种糕点、家常食品、风味小吃、烹调菜点、营养乳粉及饮料等的重要配料。

（三）高端油品

核桃油中的脂肪酸主要是油酸和亚油酸，这两种不饱和脂肪酸占总量的90%左右，亚油酸和亚麻酸是人体必需的两种脂肪酸，是前列腺素、EPA（二十碳五烯酸）和 DHA（二十二碳六烯酸）的合成原料，对维持人体健康、调节生理机能有重要作用，而这两种脂肪酸需要保持一定的比例才有利于人体的健康。核桃仁中这两种脂肪酸的比例为（4~10）∶1，对人体的健康非常有利，因此，容易被消化，吸收率高。试验表明，核桃油能有效减低突然死亡的危险，减少患癌症的概率，即使在钙摄入不足的情况下，也能有效降低骨质疏松症的发生。常食不仅不会升高胆固醇，还能软化血管，减少肠道对胆固醇的吸收，很适合动脉硬化、高血压、冠心病患者食用。此外核桃油中的亚麻酸还具有减少炎症发生和促进血小板凝聚的作用，对人体健康具有重要的作用，亚油酸又能促进皮肤的发育和保护皮肤营养，也有利于毛发健美。

二、药用价值

核桃因其含有最适宜人体健康的 ω-3 脂肪酸、褪黑激素、生育酚和抗氧化剂等，可有效缓解和预防心脏病、癌症、动脉疾病、糖尿病、高血压、肥胖症和临床抑郁症等的发生，因此核桃药用价值是近几年来研究的热点之一。

（一）保健食品

我国古人誉称核桃为"万岁子""长寿果"，国外则称它为"大力士食品"或"营养丰富的坚果"，其保健价值早已被国内外所公认。核桃仁中的丰富营养对少年儿童的身体和智力发育大有益处，并有助于老年人的健康长寿。核桃仁中高含量的锌和磷脂可以补脑；维生素E可防止细胞老化和记忆力及性机能的衰退；核桃仁中丰富的亚油酸可以光滑皮肤、软化血管、阻止胆固醇的形成并使之排出体外，对预防和治疗Ⅱ型糖尿病、癌症、老年人血管疾病均有良好的作用。

（二）核桃仁入药

我国中医记载核桃仁有通经脉、润血脉、补气养血、润燥化痰、益命门、利三焦、温肺润肠等功能，常服骨肉细腻光润。古代和中世纪的欧洲，核桃被用来治疗秃发、牙疼、狂犬病、精神痴呆和大脑麻痹症等症，涉及神经、消化、呼吸、泌尿、生殖等系统以及五官、皮肤等科。

（三）枝条入药

枝条制剂能增加肾上腺皮质的作用，并提高内分泌等体液的调节能力。

（四）核桃叶入药

核桃叶提取物有杀菌消炎、治疗伤口、皮肤病及肠胃病等作用。

（五）核桃根皮入药

根皮制剂为温和的泻剂，可有利于治疗慢性便秘。

（六）核桃青皮

含有某些药用成分，在中医验方中，称为"青龙衣"，可治疗一些皮肤病和胃神经病等。

三、其他经济价值

核桃除用于人们熟悉的食品工业及药用价值外，还可以用于园林绿化、木材加工、化工、工艺美术等领域。

（1）荒山绿化、水土保持园林绿化树种。核桃根系发达、树冠枝叶繁茂，多呈半圆形，具有较强的拦截烟尘、吸收二氧化碳和净化空气的能力。

（2）珍贵木材。核桃木色泽淡雅，花纹美丽，质地细韧，经打磨后光泽宜人，且可染色，是制作高级家具、橱柜、工艺品、雕刻品、军工用材、高档商品包装箱及乐器的优良材料。

（3）核桃壳主要用于生物活性炭的制备，核桃壳活性炭在水污染和大气污染控制方面的应用，有效推动了农林废弃物资源化利用，同时可有效防止环境污染。

（4）核桃果实青皮中含有单宁，可制烤漆，用于染料、制革、纺织等行业。

（5）青皮浸出液可防治象鼻虫和蚜虫，以及抑制微生物的生长。

第二节 产业发展现状

一、栽培历史悠久，产量大但竞争力不强

我国核桃资源丰富，根据1992年的不完全统计，种质资源已达380多种，栽培历史悠久，有文字记载的就有2 000多年。种植范围广泛，我国大多数省（直辖市、自治区）均有栽培核桃的历史，并培育出许多优良品种和类型。我国虽是世界核桃生产大国，却并不是核桃生产强国。我国的核桃种植面积和产量均居世界第一，但是在单位面积产量、坚果品质和国际市场售价上与世界先进国家相比，仍有不小的差距，出口创汇远远落后于美国。

二、栽培面积平稳增加，管理较为粗放

近年来，我国核桃生产发展较快，种植和收获面积呈稳步增加趋势。在此期间，尤其是2006年以前，除少数省区市和部分主产区

注意加强管理外，我国大多数产区对核桃栽培的管理较为粗放，致使产品产量不稳、质量整体不强，缺乏市场竞争力，品牌优势更是无从谈起。核桃虽然属于多年生高大乔木，但是它不是一般的用材树，而是果树，核桃栽培不能用造林式的粗放种植方式，而应精栽细管。

三、单产逐渐增加，潜力有待进一步挖掘

我国很多省区市在核桃发展方面具有得天独厚的地理优势和自然条件，具有巨大的发展潜力，退耕还林政策更是极大地提高了农民种植核桃的积极性。近年来，随着经济的发展和消费者消费意识的改变，核桃价格逐年上升，引导农民越来越重视核桃的生产，对核桃种植的人力、资金、技术等方面的投入不断增加，从而使单产水平不断提高。但是与美国核桃盛产期6~7吨/公顷的水平相比，差距非常大，尚有巨大的单产挖掘潜力。

四、总产增长迅猛，居世界前列

在栽培面积平衡增加和单产水平逐渐提高的共同影响下，我国核桃总产量逐年平稳增加，呈现出明显的增速发展态势，尤其是2006年以来的增长速度进一步加大。目前，我国核桃产量已居世界第一位。

五、价格逐年攀升，呈持续走高态势

核桃不但具有很高的营养价值、药用价值和美容效果，而且食

用方便，既可以生食、炒食、蜜炙、油炸等，也可以用于榨油、配制糕点及糖果等。近年来，我国城乡居民的经济收入逐步提高，消费观念逐渐发生改变，随着人们对核桃营养价值认识的不断深入，核桃价格一路走高，虽然各年有起有落，但总体稳定。如核桃价格自2006年6月上涨以来，除每年鲜果上市初期价格比较低以外，一直稳定在30元/千克以上。现阶段，我国核桃生产和消费形势一片大好，不仅国内价格呈持续走高态势，而且国际市场上也屡创新高。值得一提的是，目前，国产核桃与美国核桃相比，国际市场销售价格仅为美国核桃的70%左右。

六、精深加工水平低，缺乏国际贸易优势

目前，我国对核桃的精深加工能力不足，且加工水平低，致使大部分核桃坚果未经精深加工便直接进入销售市场，不但使产品附加值较低，而且极大地影响了我国核桃的国际贸易优势。20世纪80年代我国核桃的生产贸易量占有世界市场40%的份额，而现在仅占10%。较低的精深加工能力和水平导致我国核桃在国际市场上缺乏贸易优势，降低了我国核桃的综合性效益。

七、科研投入薄弱，综合效益长期可期

与美国相比，我国的核桃产业虽然起步很早，但发展缓慢。重要的一个原因就是科研投入严重不足，而且没有引起足够的重视。长期来看，我国核桃产业的综合效益潜力还存在巨大的提升空间。美国核桃产业发展虽然起步较晚，但其对良种选育、开发和利用的重视，对市场调节机制和产业信息平台建设的不断完善和健全，对

科研与产业之间相互转化的加强，以及对许多扶持政策的及时出台等，都给我国核桃产业的未来发展提供了很好的借鉴与参考。

第三节　产业发展潜力

我国核桃产业从种植面积和总产量大国发展成效益强国，具有巨大的潜力和优势。

（1）我国核桃适生区域广泛，待开发利用的土地资源丰富。南方和北方成功发展核桃生产的实践证明，在多种立地、生态、气候条件下，采用适宜品种建立的核桃园生长发育良好。

（2）我国自主选育的优良品种（系）很多，既有区域适应性广泛的品种，也有特点各异、多用途的品种，为核桃产业发展提供了优越条件。

（3）城乡居民对核桃的需求量不断增加，消费市场广阔，消费群体庞大。从发展内销为主、外贸为辅的角度出发，重点着眼国内消费市场，特别是广大的农村地区，市场扩张空间大。

（4）各地发展核桃生产的积极性空前高涨。在市场拉动和价格的刺激下，各地种植核桃的积极性很高，技术培训班受到热烈欢迎，优良品种苗木供不应求。

（5）推动核桃产业发展的科技成果应用成效显著。多项科研成果在生产中发挥出显著成果，为核桃产业发展提供了强有力的技术支撑。

（6）各级政府把发展核桃产业列入工作日程，从政策、资金、技术等方面给予实质性的支持和帮扶，为促进产业发展提供了保证。

（7）龙头企业带动产业发展，产销一体化格局逐步壮大。各级各类核桃生产和加工企业，在带动核桃种植、管理、销售等方面发挥了显著作用。

（8）各地核桃生产基地、专业合作社、核桃协会、生产大户等在经营方式、选用品种、优化管理、产品加工的销售等方面的作用得到提升，为核桃生产实现组织化、规模化创造了有利条件。

第四节 产业发展前景

提高核桃产业的整体效益和种植者的实际收益，是产业持续健康发展的核心动力。品种区域化、集约式经营、规范化管理，提高单位面积产量和坚果品质，实现产后增值处理和产销一体化，是推动核桃产业发展的关键和动力。

从国际核桃市场来看，我国核桃从传统出口优势降为劣势，主要是品种不优、坚果质量不高、市场竞争力不强等原因所造成的。充分利用和发挥我国当前核桃产业优势和潜力，切实执行已有的技术规范和产业标准，提高产品的科技含量，变优势为强势、变潜力为效益是完全可能的。

从国内核桃市场看，农村人均消费核桃量仍然很低，城市居民对核桃的保健功能的认识不断增强，对核桃的需求量将日益增加。据报道，如果我国 13 亿人口人均消费量从过去的 0.6 千克提高到 1.0 千克，那么对核桃的需求量将大幅度增加。以核桃仁为主料或辅料的食品种类不断增加，很受市场和消费者欢迎。此外，木材、化工、医药、净化、美容、菜肴、绿化等多方面功能的开发利用，都是拉动核桃产业发展的动力。

为了应对国内外核桃市场对优质坚果的强势需求，我国核桃产业必须在品种优化、区域发展、果园集约管理、加强采后增值处理、努力提高坚果品质和单位面积产量、实现产销一体化等方面做大量的工作，为市场提供更多更优的产品，实现核桃产业持续健康发展，这是从产量大国走向效益强国的必由之路。

　　作为世界核桃的种植面积和产量大国，我国核桃产业在世界核桃产业中具有重要的地位和作用。但必须清醒地看到，我国的生产技术和生产方式仍较落后，产品缺乏竞争力，在科技、规模、品质等方面尚处于初级水平，面临严峻挑战。必须紧紧围绕"提升产业、打造品牌"的主题，调动各方力量，采取有效方式，推动我国核桃产业的持续、快速、健康发展。

第二章 核桃主栽品种

中国核桃栽培历史悠久，面积大，分布广，在长期的栽培生产中形成了很多农家品种和类型，品种多而杂。大部分核桃为实生繁殖，其后代分离广泛，果实良莠不齐，多数果壳较厚、出仁率低、取仁较难，产量、品质差异很大，缺乏市场竞争力。这也是造成我国核桃产量低、品质差和效益低的主要原因。

第一节　选择品种的标准

良种是建园的基础，也是丰产、稳产的保证。因此，品种的选择是核桃安全高效生产的关键。选择品种前应对当地的气候、土壤、降雨量等自然条件和待选核桃品种的生长习性等进行全面的调查研究。在选择品种时，应重点考虑以下几个方面。

首先，要充分考虑品种的生态适应性，根据不同品种的生长结果习性和当地的气温、日照、土壤与降水等自然因素，从而判断品种是否符合生态适应性要求，选择品种时一定要选择经过省级以上鉴定的，且在本地引种试验中表现良好，适宜在本地推广的品种，切勿盲目栽植。一般来讲，北方品种引种到南方能正常生长，南方品种引种到北方则需要慎重，必须经过严格的区域试验。

其次，要适地适品种选择主栽品种，选择主栽品种时，要充分考虑品种对土壤、肥力、管理水平等条件的要求，选择符合生产经营目的的核桃良种。早实核桃结果早，丰产性强，嫁接后2～3年即可挂果，早期产量高，适于矮化密植。但有的品种抗病性、抗逆性较差，适宜在肥水充足、管理较好的条件下栽培。有的品种适应性、抗逆性较强，可在山区丘陵、管理较差的条件下栽培。

再者，要注意雌雄花期一致的品种搭配，各地应根据不同品种的主要特性、当地的立地条件及管理水平，选择3~5个最适品种重点发展。每个园区品种不宜太多，以1~2个主栽品种为宜，目的是方便管理与降低生产成本。同时，要选择1~2个雌雄花期一致的授粉品种，按（8~10）∶1的比例，呈带状或交叉状配置。

第二节　早实核桃

一、香玲

山东省果树研究所以'上宋6号'בא克苏9号'为亲本杂交育成的早实核桃品种，1989年定名。

树势较强，树姿较直立，树冠呈半圆形，分枝力较强，1年生枝黄绿色，节间较短。混合芽近圆球形，大而离生，芽座小。侧生混合芽比率81.7%，嫁接后第2年形成混合花芽，雄花3~4年后出现。每雌花序多着生2朵雌花，坐果率60%左右。复叶长38.88厘米，复叶柄较细，小叶多5~7片，叶片较薄。坚果近圆形，基部平圆，果顶微尖。纵径3.94厘米，横径3.29厘米，侧径3.74厘米，单果重12.4克。壳面刻沟浅，光滑美观，浅黄色；缝合线窄而平，结合紧密，壳厚0.8~1.1毫米。内褶壁退化，横隔膜膜质，易取整仁。核仁充实饱满，出仁率62%~64%，脂肪含量65.48%，蛋白质含量21.63%。味香而不涩。

山东泰安地区，3月下旬萌动发芽，4月10日左右为雄花期，4月20日左右为雌花期，雄先型。8月下旬坚果成熟，11月上旬落叶，适宜于土层肥沃的地区栽培。

目前，在我国北至辽宁，南至贵州、云南，西至西藏壮族自治区（全书简称西藏）、新疆维吾尔自治区（全书简称新疆）、北至辽宁等大多数地区都有大面积栽培，我国种植面积最大。早期产量上得快，盛果期产量较高，大小年不明显。

二、秋香

山东省果树研究所以'泰勒'为母本杂交育成，2004 年定为优株，2015 年通过山东省林木品种审定委员会审定。

树姿直立，生长势强。树干灰白色，光滑，有浅纵裂。1 年生新枝绿褐色，光滑，粗壮。混合芽近圆球形，小而分离，芽座小。侧花芽率 75.0% 以上，多双果和三果，坐果率 85.0% 以上。坚果圆形，单果重 13.5 克，壳面光滑，缝合线平，结合紧密，壳厚 1.1~1.2 毫米，易取整仁，出仁率 62.3%，脂肪含量 63.6%，蛋白质含量 22.3%，综合品质优良。

萌芽晚，在山东泰安地区 4 月中上旬发芽，雌花期在 5 月上旬，较'香玲'晚两周左右，可有效避开早春晚霜危害。果实 9 月上旬成熟，11 月上旬落叶。

该品种避晚霜、抗病、丰产，果实青皮薄，雄花少，适宜在土层深厚的山地、丘陵和平原地种植。

三、鲁核1号

山东省果树研究所从早实核桃实生后代中选出。1996 年定为优系，1997—2001 年进行复选、决选，2002 年定名。2012 年通过国家林业局林木品种审定委员会审定。

树势强,生长快,树姿直立。枝条粗壮、光滑。新梢绿褐色,平均长 23.3 厘米,粗 0.79 厘米。混合芽尖圆,中大型,芽座小,贴生,二次枝上主、副芽分离,芽尖绿褐色;混合芽抽生的结果枝着生 2~3 朵雌花,雌花柱头绿黄色。雄花序长 9 厘米,复叶长 43.2 厘米,小叶 5~9 片,顶端小叶椭圆形,长 17.1 厘米,宽 8.3 厘米,叶片厚,浓绿色,叶缘全缘。坚果圆锥形,浅黄色,果顶尖,果基圆,壳面光滑,单果重 13.2 克。坚果纵径 4.18~4.31 厘米,横径 3.19~3.32 厘米,侧径 3.18~3.35 厘米。缝合线稍凸,结合紧密,不易开裂,核壳有一定的强度,耐清洗、漂白及运输。壳厚 1.1~1.3 毫米,可取整仁。内褶壁膜质,纵隔不发达。内种皮浅黄色,核仁饱满,香而不涩,出仁率 55.0%,脂肪含量 67.3%,蛋白质含量 17.5%。

嫁接苗定植后第二年开花,第三年结果,高接树第二年见果。高接 3 年株产坚果 3.1 千克,12 年生母树株产 15 千克以上。幼龄树生长快,3 年生树干径年平均增长 1.61 厘米,树高年平均增长 159 厘米;高接树生长迅速,高接 3 年主枝干径平均增长量为 2.31 厘米,年平均加长生长量为 130.84 厘米;10 年生母树高达 950 厘米,新梢长 23.3 厘米,粗 0.79 厘米,胸径年生长量 1.35 厘米。

在山东泰安地区,3 月下旬发芽,4 月初展叶,4 月中旬雄花开放,雌花期 4 月下旬。雄先型。8 月下旬果实成熟,果实发育期 123 天左右。11 月上旬落叶,植株营养生长期 210 天。

该品种速生、早实、优质、抗逆性强;坚果光滑美观,核仁饱满、色浅、味香不涩,坚果品质优良,是一个优良的果材兼用型核桃新品种。

四、岱香

山东省果树研究所以'辽宁1号'ד香玲'为亲本杂交育成，2012年通过国家林业局林木良种审定委员会审定。

树姿开张，树冠圆头形。树势强健，树冠密集紧凑。新梢平均长14.67厘米，粗0.83厘米。平均节间长2.42厘米。分枝力强，为1：4.3。侧花芽比率95%，多双果和三果。坚果圆形，浅黄色，果基圆，果顶微尖。壳面较光滑，缝合线紧密，稍凸，不易开裂。内褶壁膜质，纵隔不发达。坚果纵径4.0厘米，横径3.60厘米，侧径3.18厘米，壳厚1.0毫米。单果重13.9克，出仁率58.9%，易取整仁。内种皮颜色浅，核仁饱满，浅黄色，香味浓，无涩味；脂肪含量66.2%，蛋白质含量20.7%，坚果综合品质优良。

嫁接苗定植后，第1年开花，第2年开始结果，正常管理条件下坐果率为70%。雄先型。在泰安地区，3月下旬发芽，9月上旬果实成熟，11月上旬落叶，植株营养生长期210天左右。品种对比和区域试验表明，其适应性广，早实、丰产、优质。在土层深厚的平原地，树体生长快，产量高，坚果大，核仁饱满，香味浓，好果率在95%以上。

目前，在山东、山西、河南、河北、四川等地都有栽培，并且均表现出优良的丰产特性。

五、岱辉

山东省果树研究所从早实核桃实生苗中选出，2004年通过山东省林木良种审定委员会审定。

树姿开张，树冠密集紧凑，圆形。徒长枝多有棱状突起。新梢平均长 10.4 厘米，粗 1.01 厘米。结果母枝褐绿色，多年生枝灰白色。枝条粗壮，萌芽力、成枝力强，节间平均长为 2.43 厘米。分枝力强为 1∶3，抽生强壮枝多，新梢尖削度为 0.52。混合芽圆形，肥大饱满，二次枝有芽座，主、副芽分离，黄绿色，具有茸毛。嫁接苗定植后，第 1 年开花，第 2 年开始结果，坐果率为 77%。侧花芽比率 96.2%，多双果和三果。混合芽抽生的结果枝着生 2~4 朵雌花，雌花柱头黄绿色；雄花序长 8.5 厘米左右。复叶长 31.2 厘米，小叶数 7~9 片，长椭圆形，小叶柄极短，顶生小叶具 3.2~4.8 厘米长的叶柄，且叶片较大，长 12.4 厘米，宽 6.1 厘米。坚果圆形，单果重 13.5 克，壳面光滑，缝合线紧而平；壳厚 1.0 毫米，可取整仁，仁重 7.9 克；核仁饱满，味香不涩，出仁率 58.5%，脂肪含量 65.3%，蛋白质含量 19.8%，品质优良。

山东泰安地区，3 月中旬萌动，下旬发芽，4 月 10 日左右雄花期，中旬雌花盛开，雄先型。果实 9 月上旬成熟，11 月中下旬落叶。现在山东、河北、河南、山西等省有栽培。

六、丰辉

山东省果树研究所 1978 年杂交育成，亲本为早实核桃'上宋 5 号'בּ阿克苏 9 号'，1989 年定名。

树姿直立，树势中庸，树冠圆锥形，分枝力较强。1 年生枝绿褐色，二次梢细弱，髓心大。混合芽半圆形，有芽座。复叶长 38.5 厘米，复叶柄较细。嫁接后第 2 年开始形成混合花芽，侧生混合芽比率 88.9%，4 年后形成雄花。每个雌花序着生 2~3 朵雌花，坐果率 70% 左右。坚果长椭圆形，果基圆，果顶尖。纵径 4.36 厘米，横径

3.13 厘米，单果重 12.2 克左右，壳面刻沟较浅，较光滑，浅黄色。缝合线窄而平，结合紧密，壳厚 1.0 毫米左右。内褶壁退化，横隔膜膜质，易取整仁。核仁充实、饱满、美观，出仁率 57.7%。脂肪含量 61.77%，蛋白质含量 22.9%，味香而不涩。

山东泰安地区 3 月下旬发芽，4 月中旬雄花期，4 月下旬雌花期，雄先型。8 月下旬果实成熟，11 月中旬落叶。

产量较高，管理粗放条件下，大小年明显。不耐干旱和瘠薄，适合土层深厚的土壤栽培。主要栽培于山东、河北、山西、陕西、河南等省。

七、鲁光

山东省果树研究所以 '新疆卡卡孜' × '上宋 6 号' 为亲本杂交育成的早实核桃品种，1989 年定名。

树势中庸，树姿开张，树冠呈半圆形。嫁接后第 2 年开始形成混合芽，侧生混合芽比率 80.8%，分枝力较强，以长果枝结果为主，坐果率 65% 左右。坚果长圆形，果基圆，果顶微尖，单果重 15～17 克。壳面光滑，缝合线窄而平，结合紧密，外形美观。壳厚 0.8～1.0 毫米，内褶壁退化，横隔膜膜质，核仁充实饱满，易取整仁，出仁率 59% 左右。脂肪含量 66.38%，蛋白质含量 19.9%，味香不涩。

在山东泰安地区 4 月 10 日左右为雄花期，4 月 18 日左右为雌花期，雄先型。8 月下旬坚果成熟，10 月下旬落叶。

该品种不耐干旱，早期生长势较强，产量中等，盛果期产量较高。适宜在土层深厚的山地、丘陵地区栽培种植。

八、硕香

山东省果树研究所从早实核桃实生后代中选出，2015 年通过山东省林木良种审定委员会审定。

树势中庸，树姿较开张。分枝力强，树冠呈半圆形。坐果率80%左右，侧生混合芽比率75%以上，多双果和三果。坚果椭圆形，果基平圆，果顶平圆，果肩微凸。单果重 12～14 克。壳面刻沟浅，较光滑，缝合线平，结合紧密。壳厚 1.1～1.3 毫米，内褶壁退化，横隔膜膜质，核仁充实饱满，可取整仁，出仁率55%～59%，蛋白质含量21.0%，脂肪含量65.6%，综合品质优良。

在山东泰安地区 3 月下旬萌发，4 月中旬为雄花期，4 月下旬为雌花期，雄先型。8 月下旬坚果成熟，11 月上旬落叶。

九、鲁果4号

山东省果树研究所实生选出的大果型核桃品种，2007 年通过山东省林木良种审定委员会审定。

树姿较直立，树冠长圆头形。当年生新梢平均长 63 厘米，粗1.65 厘米，枝皮率87.3%。1 年生枝浅绿色，无毛，具光泽，髓心小。混合芽圆形，饱满；二次枝有芽座，主、副芽分离，复叶长45厘米，复叶有小叶数 7～9 片，顶生小叶具 3.5～5.0 厘米长的叶柄，且叶片较大，长 20 厘米，宽 12 厘米。叶片表面光滑，深绿色，单位叶面积重20.01 毫克/平方厘米，叶绿素含量 3.08 克/平方厘米。嫁接苗定植后，第 1 年开花，混合芽抽生的结果枝长度为 6.8 厘米，着生 2～4 朵雌花，雄花芽圆柱形，雄花序长 9 厘米左右。第 2 年开始结果，正常管理条件下坐果率为70%。侧花芽比率85%，多双果和三果，果柄短，为1.6厘米。坚果长圆形，果顶、果基均平圆，壳面较光滑，纵径4.75~5.73厘米，横径3.68~4.21厘米，侧径3.51~3.83厘米，平均坚果重16.5~23.2克，缝合线紧，稍凸，不易开裂。壳厚1.0~1.2毫米，可取整仁，出仁率52%~56%。内褶壁膜质，纵隔不发达。内种皮颜色浅，核仁饱满，色浅味香。其蛋白质含量21.96%，脂肪含量63.91%，坚果综合品质上等。

泰安地区，3月下旬发芽，4月初，枝条开始生长，4月中旬雄花开放，4月下旬为雌花期，雄先型。9月上旬果实成熟，11月上旬落叶。

山东、河北、河南、北京等省市有一定栽培面积。

十、鲁果5号

山东省果树研究所实生选出的大果型核桃品种，2007年通过山东省林木良种审定委员会审定。

树姿开张，树势壮硕稳健，树冠圆头形。1年生枝墨绿色，有短而密的柔毛，具光泽，髓心小。徒长枝多有棱状突起。新梢平均长70厘米，粗1.01厘米。结果母枝抽生的果枝多，果枝率高达92.3%。混合芽大，圆形，饱满。复叶长35厘米，小叶数7~9片，小叶柄极短，顶生小叶具3.2~4.8厘米长的叶柄，且叶片较大，长16.4厘米，宽10厘米。嫁接苗定植后，第1年开花，抽生的结果枝着生2~4朵雌花，雄花序长8.5厘米左右。第2年开始结果，坐果率为87%。侧花芽比率96.2%，多双果和三果。坚果长卵圆形，果顶尖圆，果基平圆，壳面较光滑，纵径4.77~5.34厘米，横径3.53~3.84厘米，侧径3.63~4.3厘米，单果重16.7~23.5克。缝合线紧平，壳厚 0.9~1.1 毫米，内褶壁退化，横隔膜膜质，可取整仁，出仁率 55.36%。核仁饱满，色浅味香，其蛋白质含量 22.85%，脂肪含量 59.67%，坚果综合品质上等。

泰安地区，3 月下旬发芽，4 月初，枝条开始生长，4 月中旬雄花开放，4 月下旬为雌花期，雄先型。9 月上旬果实成熟，11 月上旬落叶。其雌花期与鲁丰等雌先型品种的雄花期基本一致，可作为授粉品种。

在山东、山西、河北、河南、四川等地有栽培。

十一、鲁果6号

山东省果树研究所从早实核桃实生后代中选出的核桃品种，2009 年通过山东省林木良种审定委员会审定。

树姿较开张，树势中庸，树冠呈圆形，分枝力较强。1 年生枝黄绿色，节间较短。混合芽近圆球形，大而离生，芽座小，侧生混合芽比率 61.7%，嫁接苗第 2 年形成混合芽，雄花 3~4 年后出现。每雌花序多着生 2 朵雌花，坐果率 60.0%。小叶 5~7 片，叶片较薄。坚果长圆形，果基尖圆，果顶圆微尖，单果重 14.4 克。壳面刻沟浅，光滑美观，缝合线窄而平，结合紧密。壳厚 1.2 毫米，内褶壁退化，横隔膜膜质，核仁充实饱满，易取整仁，出仁率 55.36%。

在山东泰安地区 3 月下旬萌发，4 月 7 日左右为雌花期，4 月 13 日左右为雄花开放，雌先型。8 月下旬坚果成熟，11 月上旬落叶。

适宜于土层肥沃的地区栽培。目前，在山东泰安、济南、临沂等地区都有小面积栽培。

十二、鲁果7号

山东省果树研究所以'香玲'×华北晚实核桃优株为亲本杂交育成的早实核桃品种,2009 年通过山东省林木良种审定委员会审定。

树势较强,树姿较直立,树冠呈半圆形。1 年生枝深绿色,粗壮,分枝力较强。侧生混合芽比率 84.7%,坐果率 70.0%。坚果圆形,果基、果顶均圆,单果重 13.2 克。壳面较光滑,缝合线平,结合紧密,不易开裂。壳厚 0.9~1.1 毫米,内褶壁膜质,纵隔不发达,核仁饱满,易取整仁,出仁率 56.9%。蛋白质含量 20.8%,脂肪含量 65.7%。

在山东泰安地区 3 月下旬萌发,4 月中旬雄花、雌花均开放,雌雄花期极为相近,但为雄先型。9 月上旬坚果成熟,11 月上旬落叶。

该品种与'香玲'坚果外观相似,端正美观,较抗细菌性黑斑病。

十三、薄丰

河南林业科学研究院 1989 年育成,从河南嵩县山城新疆核桃实生园中选出。

树势强,树姿开张,分枝力较强。1 年生枝呈灰绿或黄绿色,节间较长,以中和短果枝结果为主,常有二次梢。侧花芽比率 90% 以上。每雌花序着生 2~4 朵雌花,多为双果,坐果率 64% 左右。坚果卵圆形,果基圆,果顶尖,单果重 12~14 克。壳面光滑,缝合线窄而平,结合紧密,外形美观。壳厚 0.9~1.1 毫米,内褶壁退化,横隔膜膜质，核仁充实饱满，浅黄色，可取整仁，出仁率55%~58%。

在河南3月下旬萌发，4月上旬雄花散粉，4月中旬为雌花盛花期，雄先型。9月初坚果成熟，10月中旬开始落叶。

该品种适应性强，耐旱，丰产，坚果外形美观，商品性好，品质优良，适宜在华北、西北丘陵山区发展。

十四、绿波

河南林业科学研究院1989年育成，从新疆的核桃实生后代中选出。

树势强，树姿开张，分枝力中等。1年生枝呈褐绿色，节间较短，短果枝结果为主。侧花芽率80%，每个雌花序着生2~5朵雌花，坐果率69%左右，多为双果。坚果卵圆形，果基圆，果顶尖，单果重11.0~13.0克。壳面较光滑，缝合线较窄而凸，结合紧密。壳厚0.9~1.1毫米，内褶壁退化，核仁充实饱满，浅黄色，出仁率54%~59%。

在河南3月下旬萌发，4月中上旬雌花盛花期，4月中下旬雄花开始散粉，雌先型。8月底坚果成熟，10月中旬开始落叶。

十五、绿岭

由河北农业大学和河北绿岭果业有限公司从'香玲'核桃中选出的芽变。1995年选出，2005年通过河北省林木品种审定委员会审定。

树势强，树姿开张。以中短枝结果为主，侧花芽比率83.2%。坚果卵圆形，浅黄色，单果重12.8克，壳面光滑美观，缝合线平滑而不突出，结合紧密。壳厚 0.8 毫米，核仁饱满，颜色浅黄，内种皮淡黄色，无涩味，浓香，出仁率 67% 左右，脂肪含量 67.0%，蛋白质含量 22.0%。

在河北临城，3 月下旬萌动，雄先型，9 月初果实成熟，比'香玲'晚 3~5 天，11 上旬落叶。

十六、辽宁1号

辽宁省经济林研究所 1980 年育成，杂交组合：河北昌黎大薄皮 10103 优株 × 新疆纸皮 11001 优株。

树势强，树姿直立或半开张，分枝力强，枝条粗壮密集。1 年生枝常呈灰绿色，果枝短，属短枝型。顶芽呈阔三角形或圆形，侧花芽率 90%，坐果率 60% 左右，多双果。坚果圆形，果基平或圆，果顶略呈肩形，单果重 10.0 克左右。壳面较光滑，缝合线微隆起，结合紧密。壳厚 0.9 毫米左右，内褶壁退化，核仁充实饱满，黄白色，出仁率 59.6%。

在辽宁大连地区 4 月中旬萌动，5 月上旬雄花散粉，5 月中旬雌花盛花期，雄先型。9 月下旬坚果成熟，11 月上旬落叶。

该品种较耐寒、耐旱，适应性强，丰产，坚果品质优良，适宜在我国北方地区发展。

十七、辽宁4号

辽宁省经济林研究所 1990 年育成，杂交组合：辽宁朝阳大麻核桃×新疆纸皮 11001 优株。

树势中等，树姿直立或半开张，分枝力强。1 年生枝绿褐色，枝条多而较细，节间较长，属中短枝型。芽呈阔三角形，侧花芽比率90%。每雌花序着生2~3朵雌花，坐果率75%左右，多双果。坚果圆形，果基圆，果顶圆并突尖。壳厚0.9毫米。壳面光滑，色浅，缝合线平或微隆起，结合紧密。内褶壁膜质或退化，核仁充实饱满，黄白色，出仁率59.7%。

在辽宁大连地区4月中旬萌动，5月上旬雄花散粉，5月中旬雌花盛期，雄先型。9月下旬坚果成熟，11月上旬落叶。

十八、辽宁5号

辽宁省经济林研究所1990年育成，杂交组合：新疆薄壳3号的20905优株×新疆露仁1号的20104优株。

树势中等，树姿开张，分枝力强。1年生枝绿褐色，节间极短，属短枝型。芽呈圆形或阔三角形，侧花芽比率95%。每雌花序着生2~4朵雌花，坐果率80%左右，多双果或三果。坚果长扁圆形，果基圆，果顶肩状，微突尖。单果重10.3克。壳面光滑，色浅，缝合线宽而平，结合紧密。壳厚1.1毫米，内褶壁退化，核仁饱满，可取整仁，出仁率54.4%。

在辽宁大连地区4月上中旬萌动，4月下旬或5月上旬雌花盛期，5月中旬雄花散粉，雌先型。9月中旬坚果成熟，11月上旬落叶。

十九、寒丰

辽宁省经济林研究所1992年育成，杂交组合：'新纸皮'×日本心形核桃。

树势强，树势直立或半开张，分枝力强。1 年生枝绿褐色，枝条较密集，节间较长，以中短果枝为主，属中短枝型。混合芽圆形或阔三角形，侧花芽比率 92%。每雌花序着生 2~3 朵雌花，坐果率 62% 左右，多双果。坚果长阔圆形，果基圆，果顶略尖。坚果较大，单果重 14.4 克。壳面光滑，色浅。缝合线窄而平或微隆起。壳厚 1.2 毫米左右，内褶壁膜质或退化，核仁充实饱满，黄白色，可取整仁或半仁，出仁率 54.5%。

在辽宁大连地区 4 月中旬萌动，5 月中旬雄花散粉，5 月下旬雌花盛花期，雄先型。雌花盛花期最晚可延迟到 5 月末，比一般雌先型品种晚 20~25 天。9 月中旬坚果成熟，11 月上旬落叶。

二十、中林1号

中国林业科学研究院林业研究所育成，1989 年定名。亲本为涧 9-7-3 ×'汾阳串子'。

树势较强，树姿较直立，树冠椭圆形。分枝力强，为 1：5，侧花芽比率 90% 以上。每雌花序着生 2 朵雌花，坐果率 50%~60%，以双果、单果为主。结果枝为中短枝型果枝。坚果圆形，果基圆，果顶扁圆，单果重 14.0 克，壳面较粗糙，缝合线中宽凸起，结合紧密。壳厚 1.0 毫米左右，内褶壁略延伸，膜质，横隔膜膜质，核仁饱满，浅至中色，可取整仁或 1/2 仁，出仁率 54.0%。

在北京地区 4 月中旬发芽，4 月下旬雌花盛花期，5 月初雄花散粉，雌先型。9 月上旬坚果成熟，10 月下旬落叶。

二十一、中林3号

中国林业科学研究院林业研究所以涧 9-9-15×汾阳穗状核桃为

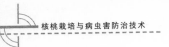

亲本杂交育成，1989年定名。

树势较旺，树姿半开张，分枝力较强，侧花芽比率为50%以上。幼树2~3年开始结果。枝条成熟后呈褐色，粗壮。坚果椭圆形，横径3.42厘米，侧径3.4厘米，纵径4.15厘米。单果重11.0克。壳中色，较光滑，缝合线窄而凸起，结合紧密。壳厚1.2毫米，内褶壁退化，横隔膜膜质，核仁饱满，色浅，可取整仁，出仁率60%。

在北京地区4月下旬雌花开放，5月初雄花散粉，雌先型。9月初坚果成熟，10月末落叶。

该品种适应性较强，较易嫁接繁殖，核仁品质上等，适宜在北京、河南、山西、陕西等地栽培。

二十二、中林5号

中国林业科学研究院林业研究所以涧9-11-12×涧9-11-15为亲本杂交育成，1989年定名。

树势中庸，树姿较开张，树冠长椭圆至圆头形。分枝力较强，枝条节间短而粗，短果枝结果为主。侧花芽率98%，每花序着生2朵雌花，多双果。坚果圆形，果基、果顶均平，单果重13.3克。壳面较光滑，色浅，缝合线窄而平，结合紧密。壳厚1.0毫米，内褶壁膜质，横隔膜膜质，核仁充实饱满，可取整仁，出仁率58%。

在北京地区4月下旬雌花盛花期，5月初雄花散粉，雌先型。8月下旬坚果成熟，10月下旬或11月初落叶。

该品种不需漂白，宜带壳销售。适宜在华北、中南、西南年均温10℃左右的气候区栽培，尤亦进行密植栽培。

二十三、西扶1号

原西北林学院（现西北农林科技大学）从扶风隔年核桃实生后代中选育而成，1989 年通过林业部（现国家林业局）鉴定。

树势旺盛，树姿半开张，树冠呈自然圆头形。无性系第 2 年开始结果。枝条粗壮，分枝力 1∶2.2，侧生混合芽结果率 85%，每个果枝平均坐果 1.73 个，果实椭圆形，坚果平均单果重 10.3 克，壳面较光滑，缝合线微隆起，结合紧密，壳厚 1.1 毫米，可取整仁。出仁率 56.21%。

在陕西关中地区 4 月上旬发芽，4 月下旬雄花盛花期，5 月初雌花盛花期，雄先型。9 月中旬坚果成熟。

该品种适应性较强，抗寒、抗旱、抗病力强。坐果率高，丰产性强，适于密植栽培，应注意疏果和加强肥水管理。

二十四、西林1号

原西北林学院（现西北农林科技大学）于 1978 年从新疆核桃实生树中选出。1984 年定名。

树势强，树姿开张，分枝力强，节间较短。侧生混合芽比率 68%。芽被有褐绿绒毛，呈半圆形，每雌花序多着生 3 朵雌花，坐果率 60%，以双果为主。坚果长圆形。单果重 10.0 克，壳面光滑，有浅麻点，色较浅，缝合线窄而平，结合紧密，易取整仁。核仁重5.6 克，出仁率 56%。核仁充实饱满，色乳黄，风味优良。

嫁接树第 2 年开始结果。树势旺盛，树姿开张，小枝节间中等。适宜在年平均温度 10℃以上，生长期 200 天以上的地区种植。发芽较早，雄先型。该品种适应性强，抗病强，适宜在山地栽培。

二十五、西林2号

由西北林业科学院于1978年从新疆核桃实生树中选出。1989年定名。

树势强，树姿开张，树冠呈自然开心形。1年生枝节间短。侧生混合芽比率88%，每果枝平均坐果1.2个。奇数羽状复叶，小叶7~11片。每小花有雄蕊13~32枚。雌花序顶生，2~3簇生。坚果长圆形。平均坚果重14.2克，壳面光滑，少有浅麻点。缝合线窄而平，结合紧密，易取整仁。壳厚1.1~1.3毫米，内褶壁退化，横隔膜膜质，可取整仁，出仁率61%。核仁饱满，色浅味香，其蛋白质含量17.68%，脂肪含量71.6%，坚果综合品质上等。核仁充实饱满，色乳黄，风味优良。

在陕西关中地区4月上旬发芽，4月下旬雌花盛花期，5月上旬雄花散粉，雌先型。9月上旬坚果成熟，10月下旬开始落叶。

该品种适应性强，早期丰产，抗旱、抗病，但肥水不足时易出现落花落果和坚果空粒现象。适宜在西北、华北立地条件较好的平原地区密植建园。

二十六、扎343

1989年通过国家鉴定的首批早实核桃品种，新疆林业科学研究院选自阿克苏地区扎木台试验站早实实生核桃。

植株生长势强，树姿半开张，分枝角60°左右，树冠圆头型。分枝力较强，结果母枝平均发枝2.5个，果枝率93%。每雌花序着生

1~3 朵雌花。坚果中等大，平均单果重 12.4 克，最大 15.3 克，壳面光滑美观，壳厚 1.1 毫米，缝合线紧，可取整仁，出仁率 56.3%，仁色中，风味香，品质中上等。

在山东泰安地区 4 月中下旬雄花散粉，5 月上旬雌花盛期，雄先型。9 月上旬坚果成熟，11 月上旬落叶。

二十七、元林

山东省林业科学研究院和泰安市绿园经济林果树研究所以'元丰'בᵡ'强特勒'为亲本选育的新品种。

树姿直立或半开张，生长势强，树冠呈自然半圆形，枝条平均长度为 23.76 厘米，平均粗度为 0.86 厘米，平均节间长度为 3.64 厘米；多年生枝条呈红褐色，枝条皮目稀少，无茸毛，坐果率 60%~70%。混合芽圆形，侧生混合芽率为 85% 左右。坚果长圆形，单果重 16.84 克，核仁饱满，出仁率 55.42%，味香微涩，脂肪含量 63.6%，蛋白质含量 18.25%。

该品种萌芽晚，抗晚霜危害，在泰安地区萌芽期为 4 月初，新梢生长期为 4 月中旬，与同一地块的'香玲'核桃相比较萌芽期晚 5~7 天，可避开晚霜危害，在土层深厚，土质肥沃的立地条件下栽培表现会更好。

二十八、新早丰

由新疆林业科学院在阿克苏市温宿县早丰、薄壳核桃实生群体中选出。1989 年定名。主要在新疆阿克苏市、喀什市和和田市等地栽培。现已在河南、陕西和辽宁等地栽培。

树势中等，树姿开张，树冠圆头形，发枝力极强，侧生混合芽比率95%以上，每个果枝上平均坐果2个。1年生枝条粗壮。雄先型，中熟品种。嫁接苗第2年开始结果。该品种树势中庸，短果枝占43.8%，中果枝占55.6%，长果枝占0.6%。坚果椭圆形，果基圆，果顶渐小突尖，单果重13克。壳面光滑，缝合线平，结合紧密，壳厚1.2毫米，可取整仁，出仁率51.0%，核仁色浅，味香。

该品种发枝力强，坚果品质优良，早期丰产性好，较耐干旱，抗寒，抗病性较强。适宜在肥水条件较好的地区栽培。

二十九、中核短枝

中国农业科学院郑州果树研究所从早实核桃实生后代中选出，2012年通过河南省林木品种审定委员会审定。

树冠长椭圆形至圆头形，枝条节间短而粗。1年生枝条绿色，树干灰褐色，皮目小且稀，平均母枝抽生结果枝数2.1个，结果母枝平均长度7.72厘米，粗度0.787厘米，结果枝长6.85厘米，结果枝粗度0.64厘米，节间长1.31厘米，每果枝平均坐果1.86个，单枝结果以双果和三果为主。先端叶片较大，长卵圆形，颜色浓绿，小叶数7~9片，长椭圆形。雌先型，雄花花量中等。坚果近圆柱形，较大，果壳较光滑，浅褐色，缝合线较窄而平，结合紧密。果基和果顶较平，平均坚果质量15.1克，壳厚0.9毫米，三径平均4.09厘米，内褶壁膜质，横隔膜膜质，易取整仁。出仁率65.8%，核仁充实饱满，乳黄色，无斑点，香而不涩，品质上等。

在郑州地区3月下旬萌芽，4月中旬雌花盛期，4下旬雄花盛期，9月初果实成熟，比'香玲'晚熟8天左右，10月下旬开始落叶。

该品种适应性强，对黑斑病和炭疽病均有较强的抗性。在河南郑州、洛阳和焦作等地区生长结果情况均表现优良。抗寒、抗旱、抗病、耐瘠薄。

三十、金薄香3号

山西省农业科学院果树研究所从新疆优良薄壳核桃实生后代中选出，2007 年 12 月通过山西省林木品种审定委员会审定。

树冠圆头形，树姿较开张。结果树 20 年生树树皮灰白色，枝条光滑，有光泽；枝条皮孔小，灰白色，较稀；新梢墨绿色，停长后变为鲜灰色。羽状复叶，叶片广卵圆形，浓绿色。雄花序长 7.75 厘米，雌花单生或 2~3 个簇生。坚果圆形，纵径 4.31 厘米、横径 3.70 厘米、侧径 3.65 厘米。平均单果重为 11.2 克。壳面光滑，色浅，缝合线突起明显，结合紧密，中部两侧有耳形凹。壳厚为 1.2 毫米，横隔膜膜质，核仁充实饱满，出仁率 56.20%，内果皮淡黄色，果仁乳白色，香味浓，品质上等。

在山西中部，4 月初萌芽，4 月中下旬为雄花盛期，4 月底至 5 月上旬为雌花盛期，雄先型。9 月上中旬果实成熟，11 月初落叶。

三十一、强特勒

美国主栽品种，是'彼特罗'（Pedro）×UC56-224 的杂交子代，1984 年奚声珂引入中国。目前在辽宁、北京、河南、河北、山东、陕西和山西等地有少量栽培。

树体中等大小，树势中庸，树姿较直立，属于中熟品种。侧芽形成混合芽的比率在 90% 以上。嫁接树第 2 年开花结果，4~5 年形成雄花序，雄花较少。坚果长椭圆形，纵径 5.4 厘米，横径 4.0 厘米，侧径 3.8 厘米。单果重 11.0 克，核仁重 6.3 克，壳厚 1.5 毫米，壳面光滑，缝合线平，结合紧密。取仁易，出仁率 50%。核仁浅色，品质极佳，丰产性强，是美国的主要带壳销售品种。

在北京 4 月 15 日左右发芽，雄花期 4 月 20 日左右，雌花期 5 月上旬，雄先型。坚果成熟期 9 月 10 日左右。

三十二、维纳

美国主栽品种'福兰克蒂'（Franquette）×'培尼'（Payne）的杂交子代，1984 年奚声珂引入中国。目前在辽宁、北京、河南、河北、山东、陕西和山西等地有少量栽培。

树体中等大小，树势强，树姿较直立。每雌花序着生 2 朵雌花，数量较少。侧芽形成混合芽的比例 80% 以上。坚果锥形，果基平，果顶渐尖，单果重 11.0 克，壳厚 1.4 毫米，壳面光滑，缝合线略宽而平，结合紧密。取仁易，核仁色浅，出仁率 50%。

在北京地区 4 月中旬发芽，4 月 22—26 日雄花散粉，4 月 26—30 日雌花期，雄先型。9 月上旬坚果成熟。

该品种适应华北核桃栽培区的气候，抗寒性强于其他美国栽培品种。不易受晚霜危害，核桃举肢蛾为害较轻，较少感染黑斑病。春季比北方核桃品种晚发芽 10 天左右，雌花期在 4 月底，可避开晚霜危害，为宝贵的育种资源。

第三节　晚实品种

一、清香

河北农业大学 20 世纪 80 年代初从日本引进的核桃优良品种。2002 年通过专家鉴定，2003 年通过河北省林木良种审定委员会审定。

树体中等大小，树姿半开张，幼树时生长较旺，结果后树势稳定。枝条粗壮，芽体充实，结果枝率 60% 以上，连续结果能力强。嫁接树第 4 年见花初果，高接树第 3 年开花结果，坐果率 85% 以上，双果率 80% 以上。坚果近圆锥形，较大，平均单果重 16.9 克，大小均匀，壳皮光滑，淡褐色，外形美观，缝合线紧密，壳厚 1.2 毫米，种仁饱满，内褶壁退化，取仁容易，出仁率 52%~53%。种仁蛋白质含量 23.1%，脂肪含量 65.8%。仁色浅黄，风味极佳。

在河北保定地区 4 月上旬萌芽展叶，中旬雄花盛期，4 月中下旬雌花盛期，雄先型。9 月中旬果实成熟，11 月初落叶。

二、晋龙1号

山西省林业科学研究所（现山西省林业科学研究院）从实生核桃群体中选出。1990 年通过山西省科技厅鉴定。

主干明显，分枝力中等，树冠自然圆头形。枝条紧密，分布均匀，1 年生枝绿棕色，顶芽为混合芽、圆形。每雌花序多着生 2 朵雌花，坐果率 65%，多双果。嫁接后 2~3 年开始结果，3~4 年后出现雄花，雄先型。果枝率为 45% 左右，果枝平均长 7 厘米，属中、短果枝型。坚果近圆形，果基微凹，果顶平。纵径3.6~3.8厘米，横径3.60~3.96厘米，侧径3.8~4.2厘米，坚果重13.0~16.35克。壳面较光滑，有小麻点。缝合线窄而平，结合较紧密，壳厚0.9~1.1毫米。内褶壁退化，横隔膜膜质，易取整仁。出仁率为60%~65%。仁饱满，黄白色，品质上等。

在晋中地区4月下旬萌芽，5月上旬盛花期，5月中旬大量散粉，雄先型。9月中旬坚果成熟，10月下旬落叶。

该品种抗寒，抗旱，抗病性强，晋中以南海拔1 000米以下不受霜冻危害。适宜在华北、西北地区发展。

三、晋龙2号

由山西省林业科学研究所（现山西省林业科学研究院）从实生核桃群体中选出，1994年通过山西省科技厅鉴定。

树势强，树姿开张，分枝力中等，树冠较大。顶芽阔圆形，侧花芽率较高。每雌花序多着生2~3朵雌花，坐果率65%。坚果圆形，纵径3.5~3.7厘米，横径3.70~3.94厘米，侧径3.70~3.93厘米，坚果重14.60~16.82克。壳面光滑美观，缝合线窄而平，结合较紧密，壳厚1.12~1.26毫米。内褶壁退化，横隔膜膜质，可取整仁。出仁率为54%~58%。仁饱满，黄白色，脂肪含量73.7%，蛋白质含量19.38%，风味香甜，品质上等。

在晋中地区4月中旬萌芽，5月上中旬雄花盛期，雄先型，9月中旬坚果成熟，10月下旬落叶。

该品种果型大而美观，生食、加工皆宜，丰产、稳产，抗逆性较强。适宜在华北、西北丘陵山区发展。

四、礼品1号

由辽宁省经济林研究所从新疆晚实纸皮核桃的实生后代中选出。1989 年定名。

树势中庸，树姿开张，分枝力中等。1 年生枝呈灰褐色，节间短，以长果枝结果为主。芽呈圆形或阔三角形。小叶 5~9 片。每雌花序着生 2 朵雌花。坚果长圆形，基部圆，顶部圆而微尖。坚果大小均匀，果形美观。纵径、横径和侧径平均为 3.6 厘米，坚果重 9.7 克左右。壳面刻沟极少而浅，缝合线平而紧密，壳厚 0.6 毫米左右。内褶壁退化，可取整仁。种仁饱满，种皮黄白色。出仁率 70.0%，品质极佳。

在辽宁大连地区 4 月中旬萌动，5 月中旬雌花盛期，5 月上旬雄花散粉，雄先型。9 月中旬坚果成熟，11 月上旬落叶。

适宜北方栽培区发展。

五、西洛1号

由原西北林学院从陕西洛南县核桃实生园中选出。1984 年定名。主要在陕西、甘肃、山西、河南、山东、四川和河北等地栽培。

树势中庸，树姿直立，盛果期较开张，分枝力较强。雄先型，晚熟品种。侧生混合芽率 12%，果枝率为 35%，长、中、短果枝的比例为 40∶29∶31。坐果率为 60% 左右，多双果。坚果近圆形，果基圆形。纵径、横径和侧径平均为 3.57 厘米，坚果重 13 克。壳面较光滑。缝合线窄而平，结合紧密，壳厚 1.13 毫米。内褶壁退化，横隔膜膜质，易取整仁。出仁率为 57%。核仁充实饱满，风味香脆。

该品种果实大小均匀，品质极优。适宜在秦岭大巴山区，黄土高原以及华北平原地区栽培。

六、西洛2号

由原西北林学院从陕西洛南县核桃实生园中选出。1987年定名。主要在陕西、甘肃、山西、河南、宁夏回族自治区和四川等地栽培。

树势中庸，树姿早期较直立，以后多开张，分枝力中等。雄先型。晚熟品种。侧生混合芽率30%，果枝率为44%，长、中、短果枝的比例为40：30：30。坐果率为65%左右，其中85%为双果。坚果长圆形，果基圆形。纵径、横径和侧径平均为3.6厘米，坚果重13.1克。壳面较光滑，有稀疏小麻点。缝合线平，结合紧密，壳厚1.26毫米。内褶壁退化，横隔膜膜质，易取仁。出仁率为54%。核仁充实饱满，味香脆不涩。

该品种有较强的抗旱、抗病性，耐瘠薄土地。坚果外形美观，核仁甜香。在不同立地条件下均表现丰产。适宜在秦岭大巴山区，西北、华北地区栽培。

核桃良种繁育技术

壮苗是核桃生产的基础。目前，在我国核桃生产中，除新发展的部分核桃园为嫁接繁殖外，其他的均为实生核桃树。实生树长势参差不齐；结果期早晚差异大，产量相差几倍，甚至几十倍；坚果大小不一，品质优劣混杂，影响销售。因此，核桃生产栽培必须采用嫁接繁殖，才能维持核桃生产的可持续发展。

第一节　育苗地的选择与准备

选择地势平坦，背风向阳，土壤肥沃，土层厚度 1.0 米以上，地下水位在地表 2.0 米以下，pH 值 6.8~7.5，非重茬地为苗圃地。每亩施入腐熟有机肥 5 000~8 000 千克和过磷酸钙 50 千克，深翻土壤，深度为 35~40 厘米；按作业方式做畦起垄；用塑料薄膜覆盖 20 天左右，进行高温土壤消毒，做好播种前准备。

第二节　砧木的选择

核桃在我国分布广泛，各地使用的砧木也各不相同。可以根据本地的实际情况，选择适应性强，亲和力好，嫁接成活率高的核桃为砧木。

砧木应具有强壮的根系，以供给树体充足的水分和养分，并具有对土壤干旱、病虫害的抗性，达到增强树势，促进树体快速生长的目的。砧木的种类、质量和抗性直接影响嫁接成活率及建园后的经济效益。选择适宜当地条件的砧木乃是保证丰产的先决条件。适宜北方早实核桃做砧木的有华北晚实核桃、麻核桃和奇异核桃。而新疆早实核桃类群常常表现生长势弱、抗病虫性差等，不适宜做北方早实核桃品种的砧木。

目前，我国的核桃砧木主要有 6 种：普通核桃、铁核桃、核桃楸、野核桃、麻核桃、黑核桃和奇异核桃。普通核桃是河北、河南、山西、山东、北京等地核桃嫁接的主要砧木。核桃做砧木嫁接亲和力强，接口愈合牢固，我国北方地区普遍使用。其成活率高，生长结果正常。但是，由于长期采用商品种子播种育苗，实生后代分离严重，类型复杂。在出苗期、生长势、抗性以及与接穗的亲和力等方面都有所差异。因此，培育出的嫁接苗也多不一致。铁核桃主要分布在我国西南各省，抗寒性很差，在我国云南、贵州等地应用较多。核桃楸和野核桃嫁接后容易出现"小脚"现象，而且其嫁接成活率和成活后的保存率都不如核桃砧木。近年来，山东省果树研究所利用野核桃与早实核桃杂交，选出一系列种间品系（如鲁文 1 号、鲁文 8 号、野香等），结果较早，而且表现出较好的抗性，坚果刻沟多而深，形状多样，可作为优良的砧木资源。麻核桃和黑核桃同核桃的嫁接亲和力很强，嫁接成活率也高，可做核桃砧木，只是种子来源少，产量低，成本高。奇异核桃为黑核桃和普通核桃的杂交种，抗病性强，生长势旺，在我国逐渐得到应用。

第三节　砧木苗的培育技术

一、种子的选择和采集

目前，核桃砧木苗是用种子繁育而成的实生苗。种子的质量关系到实生苗的长势，是培养优良砧木苗的重要环节。繁育砧木苗应选择生长健壮、无病虫害、种仁饱满、盛果期的树作为采种母树。以多数青果皮开裂，坚果完全成熟时为采种最佳时间。此时采收的种子，种仁饱满，易贮藏，出苗率高，生长快而健壮。用作砧木的核桃种子要粒大饱满，每千克 120 粒以下，不漂白处理，自然晾晒干。

二、种子的催芽

采用冬季室外沟藏催芽。用水浸泡种子 10 天左右，前 3 天每天换清水 1~2 次，等核仁吸水膨胀后，将种子捞出，再用 300 毫克/千克的赤霉素浸泡 10 小时，混以湿沙。在室外沟藏，沟深 60 厘米，先在沟底铺 10 厘米湿沙，再依次一层种子铺一层湿沙，到离地面 10 厘米时，用湿沙填平，上面再覆土 30~40 厘米，呈脊背形，中间竖草把以便通气。春天定时检查发芽情况，发芽后即可播种。

三、播种时期和方法

种子发芽后，进行春播，山东一般在 3 月中下旬至 4 月上旬。畦床播种，畦面的宽度为 1 米，每畦面点播 2 行，多个畦面内行距 60 厘米，距畦垄 20 厘米；整个苗圃地出现宽窄行，宽行 60 厘米，窄行 40 厘米，株距 20 厘米。一般均用点播法播种。播种时，可将胚根根尖掐去 1 毫米，促使侧根发育，根尖向下入土，缝合线与地面垂直。播种深度一般在 6~8 厘米为宜，可挖浅沟灌水后再播种，然后覆土。

四、砧木苗管理

为了促进苗木生长，要加强肥水管理。5—6月是苗木生长的关键时期，追肥以氮肥为主，例如尿素或者硫酸铵，每亩沟施10~15千克。追肥后灌水。灌水量以浇透为标准。要及时清除杂草，防止杂草与小苗争夺营养。同时疏松土壤，更利于小苗生长。7—8月，是苗木生长的旺盛期，此时雨量较多，灌水应根据情况灵活掌握。在雨水多的地区或季节应注意排水，防止苗木受涝害。施肥应以磷钾肥为主。砧木长到30厘米高时可通过摘心促进基部增粗。9—11月一般灌水2~3次，特别是最后一次封冻水，应保证浇透。苗期应注意防治细菌性黑斑病、象鼻虫、金龟子、浮尘子等病虫害。

第四节　接穗培育技术

一般情况下在1年生品种芽接苗上采集接穗。1年生品种芽接苗在原苗圃地不动，3月发芽前于芽接部位以上5厘米处重短截，促发新梢。短截后注意及早抹除砧木萌芽，每株促发2~3个发育枝新梢为接穗。短截后每亩沟施尿素20千克，并及时浇水、除草松土。芽接前如土壤干旱，前3天灌水。

第五节　嫁接技术

一、砧木苗处理

1年生实生砧木苗在原苗圃地不动，3月发芽前于地面平茬，促发新梢。平茬后注意及早抹除多余萌芽，保留一个旺盛生长的萌芽，每株促发一个新梢。

二、嫁接时期及接芽采集

山东省适宜的芽接时期为 5 月下旬到 7 月上旬。采集的接穗应选择当年生的优质春梢，剪下，将叶片去掉，只保留叶柄 1.5~2.0 厘米，放在事先准备好的湿布、湿麻袋或湿报纸上，小心包好，防止接穗失水。接穗最好是随采随用。不能及时嫁接的接穗，可以放到潮湿的地窖或冰箱内，可以存放 3 天左右。

三、嫁接方法

采用夏季方块形芽接方法（图 3-1），操作简便，成活率高。砧木最好为当年生新梢。先在砧木光滑树皮处切一长 3~4 厘米、宽 2~3 厘米的方块，将树皮去除，并在切口左下角或右下角切除 2 毫米宽，1 厘米长的树皮，成为放水口。再在接穗上取下小于砧木切口的方块形芽片（芽内维管束要保持完好），迅速镶入砧木切口，留下放水口用塑料薄膜绑紧接口即可。芽接部分距地面不超过 20 厘米。

图 3-1　核桃方块芽接示意

1. 削接芽；2. 接芽；3. 切接口并将接芽放置于接口；4. 绑缚

四、接后砧木处理

嫁接完成之后，在接芽上方保留 1~2 片复叶，以上的部分剪掉，这称为一次剪砧。剪砧可以减少上面枝叶与接芽争夺营养，留下的几片叶，用来为接芽遮光并进行光合作用提供营养。

第六节　嫁接苗管理

一、除萌蘖

嫁接后及时抹除接芽之外的其他萌芽，以免与接芽争夺养分，影响接芽萌发和生长。芽接一般需要除萌蘖 2~3 次。

二、回剪与松绑

接芽完全愈合萌发抽生 5~10 厘米长的新梢时，剪除接芽以上的两片复叶，但不能回剪到接芽处，接芽以上保留 1~2 厘米。接芽新梢长 15~20 厘米时，可除去塑料绑条，并回剪到接芽处，以利嫁接部位的完全愈合及新梢的直立生长。

三、肥水管理

在没解除塑料绑条之前，新梢小于 20 厘米时，不能浇水，否则降低嫁接成活率。新梢长 20 厘米以上时，再进行浇水和施肥，前期施氮肥，亩施尿素 20 千克，后期施用氮、磷、钾复合肥，8 月亩施复合肥

50 千克。9 月以后要控肥控水，抑制新梢生长，提高苗木的成熟度。苗圃地锄草要锄早、锄小、锄了，保持苗圃地无杂草丛生，减少病虫的发生。

四、病虫害防治

核桃嫁接期间的虫害主要有黄刺蛾和棉铃虫，以高效氯氰菊酯等杀虫剂为主。后期容易感染细菌性黑斑病，要在 7 月下旬每隔 15 天喷一次农用链霉素或其他细菌性病害杀菌剂，共喷 3~4 次。9 月下旬至 10 月上旬，要及时防治浮尘子在枝条上产卵。

第四章 建园与种植

第一节　园地的选择标准

　　核桃树具有生长周期长，喜光、喜温等特性。建园时，应以适地适树和品种区域化为原则，从园址的选择、规划设计、品种选择到苗木定植，都要严格谨慎。建园前应对当地气候、土壤、降雨量、自然灾害和附近核桃树的生长发育状况及以往出现过的问题等进行全面的调查研究，为确定建园地点提供科学依据。

一、海拔

　　核桃的适应性较强，在北纬21°~44°、东经75°~124°地区均有栽培。北方地区多栽培在海拔1 000米以下，秦岭以南多生长在海拔500~1 500米，云贵高原多生长在1 500~2 000米之间，辽宁西南部适宜生长在海拔500米以下的地方。

二、温度

　　核桃属于喜温树种。通常核桃苗木或大树适宜生长在年均温9~16℃，极端最低温度不低于-26℃，极端最高温度38℃以下，有霜期150天以下的地区。幼龄树在-20℃条件下出现冻害；成年树虽能耐-30℃的低温，但在低于-26℃的地区，枝条、雄花芽及叶芽易受冻害。

核桃最忌讳晚霜危害，从展叶到开花期间的温度低于−2℃，持续时间在 12 小时以上，会造成当年坚果绝收；展叶后，如遇−2℃~4℃低温，新梢会受到冻害；花期和幼果期气温降到−1℃~2℃时则受冻减产。但生长温度超过 38℃时，果实易被灼伤，核仁发育不良，形成空苞。

三、光照

核桃是喜光树种，适于山地的阳坡或平地栽培，进入结果期后更需要充足的光照。光照对核桃生长发育、花芽分化及开花结果均具有重要的影响。全年日照时数应大于 2 000 小时，如少于 1 000 小时，则结果不良，影响核壳、核仁发育，坚果品质降低。特别在雌花开花期，如遇阴雨低温天气，极易造成大量落花落果。果园郁闭会造成坚果产量下降。

四、排水和灌溉

建园地点要有灌溉水源，排灌系统畅通，特别是早实核桃的密植园应达到旱能灌、涝能排的要求。核桃较耐空气干燥，但对土壤的水分状况比较敏感。土壤干旱有碍根系的吸收和地上部的蒸腾，干扰正常的新陈代谢，严重时可造成落花落果乃至叶片凋萎。土壤水分过多或长时间积水时，由于通气不良会使根系呼吸受阻，严重时可导致根系窒息、腐烂，影响地上部的生长发育，甚至导致死亡。因此，山地核桃园需设置水土保持工程，以涵养水分。平地则应解决排水问题，核桃园的地下水位应在地表 2.0 米以下。

五、土壤

核桃为深根性树种，对土壤的适应性较强，无论在丘陵、山地还是平原都能生长。土层厚度在 1.0 米以上时生长良好，土层过薄影响树体发育，容易"焦梢"，且不能正常结果。核桃在含钙的微碱性土壤上生长良好，土壤 pH 值适应范围为 6.2~8.2，最适宜范围为 6.5~7.5。土壤含盐量宜在 0.25% 以下，超过 0.25% 即影响生长和产量，含盐量过高会导致植株死亡，氯酸盐比硫酸盐危害更大。

六、风力

核桃系风媒花，花粉传播的距离与风速、地势有关。据报道，最佳授粉距离在 100 米以内；超过 300 米，几乎不能授粉，需要进行人工授粉。在一定范围内，花粉的散布量随风速增加而加大，但随距离的增加而减少。但是在核桃授粉期间经常有大风的地区应该进行人工授粉或选择单性结实率高的品种。在冬季、春季多风地区，迎风的核桃树易抽条、干梢等影响发育和开花结实。

七、迹地和重茬

在柳树、杨树、槐树生长过的迹地栽植核桃易染根腐病，应进行土壤杀菌处理。老核桃园伐后继续种植核桃时，易因重茬造成结果不良。可采用以下 2 种方法减轻重茬病为害。

（1）刨掉核桃树后连续种植 2~3 年禾本科作物（小麦、玉米等），对消除重茬的不良影响有较好的作用。

（2）必须重茬种植核桃时，可挖大定植穴（1米见方）彻底消除残根，晾坑3~5个月，于第2年春季定植2~3年大龄嫁接苗，但定植穴必须与旧坑错开填入客土，并加强幼树的肥水管理，提高幼树的自身抗性。

第二节 核桃园的规划

选定核桃园地之后，就要做出具体的规划设计。园地规划设计是一项综合性工作，在区划时应按照核桃的生长发育特性，选择适当的栽培条件，以满足核桃正常生长发育的要求。对于那些条件较差的地区，要充分研究当地土壤、肥水、气候等方面的特点，采取相应措施，改善环境，在设计的过程中，逐步加以解决和完善。

一、规划设计的原则和步骤

（一）规划设计的原则

（1）应根据建园方针、经营方向和要求，结合当地自然条件、物质条件、技术条件等综合考虑，进行整体规划。

（2）因地制宜选择良种，依品种特性确定品种配置及栽植方式。优良品种应具有丰产、优质和抗性强的特点。

（3）有利于机械化的管理和操作。核桃园中有关交通运输、排灌、栽植、施肥等，必须有利于实行机械化管理。

（4）设计好排灌系统，达到旱能灌、涝能排。

（5）注意栽植前核桃园土壤的改良，为核桃的良好生长发育打下基础。

（6）规划设计中应把小区、路、林、排、灌等协调起来，节约用地，使核桃树的占地面积不少于85%。

（7）合理间作，以园养园，实现可持续发展。初建园期应充分利用果粮、果药、果果间作等的效能，以短养长，早得收益。

（二）规划设计的步骤

1. 园地调查

为了掌握要建园地的概貌，规划前必须对建园地点的基本情况进行详细调查，为园地的规划设计提供依据，以防止因规划设计不合理给生产造成损失。参加调查的人员应有从事果树栽培、植物保护、气象、土壤、水利、测绘等方面的技术人员，以及农业经济管理人员。调查内容包括社会情况、果园生产情况、气候条件等几个方面。

（1）社会情况。包括建园地区的人口、土地资源、经济状况、劳力情况、技术力量、机械化程度、交通能源、管理体制、市场销售、干鲜果比价、农业区划情况，以及有无污染源等。

（2）果树生产情况。当地果树及核桃的栽培历史，主要树种、品种，果园总面积、总产量。历史上果树的兴衰及原因。各种果树和核桃的单位面积产量。经营管理水平及存在的主要病虫害等。

（3）气候条件。包括年平均温度、极端最高和最低温度、生长期积温、无霜期、年降水量等。常年气候的变化情况，应特别注意对核桃危害较严重的灾害性天气，如冻害、晚霜、雹灾、涝害等。

（4）土壤条件。包括土层厚度，土壤质地，酸碱度，有机质含量，氮、磷、钾及微量元素的含量等，以及园地的前茬树种或作物。

（5）水利条件。包括水源情况、水利设施等。

2. 测量和制图

建园面积较大或山地园，需进行面积、地形、水土保持工程的测量工作。平地测量较简单，常用罗盘仪、小平板仪或经纬仪，以导线法或放射线法将平面图绘出，标明突出的地形变化和地物。山地建园需要进行等高测量，以便修筑梯田、撩壕、鱼鳞坑等水土保持工程。规划设计，园地测绘完以后，即按核桃园规划的要求，根据园地的实际情况，对作业区、防护林、道路、排灌系统、建筑用地、品种的选择和配置等进行规划，并按比例绘制核桃园平面规划设计图。

二、不同栽培方式建园的设计内容

核桃的栽培方式主要有三种。一种是集约化园片式栽培，无论幼树期是否间作，到成龄树时均成为纯核桃园。另一种是立体间作式栽培，即核桃与农作物或其他果树、药用植物等长期间作，此种栽培方式能充分利用空间和光能，且有利于提高核桃的生长和结果，经济效益快而高。再有一种栽培方式是利用沟边、路旁或庭院等闲散土地的零星栽植，也是我国发展核桃生产不可忽视的重要方面。

在三种栽培方式中，零星栽培只要园地符合要求，并进行适当的品种配置即可。而其他两种栽培方式，在定植前，均要根据具体情况进行周密的调查和规划设计。主要内容包括：作业区划分及道路系统规划，核桃品种及品种的配置，防护林、水利设施及水土保持工程的规划设计等。

（一）作业区的划分

作业区为核桃园的基本生产单位。形状、大小、方向都应与当地的地形、土壤条件及气候特点相适应，要与园内道路系统、排灌系统及水土保持工程的规划设计相互配合协调。为保证作业区内技术的一致性，作业区内的土壤及气候条件应基本一致，地形变化不大，耕作比较方便的地方，作业区面积可定为 50~100 亩。地形复杂的山地核桃园，为减少和防止水土流失，依自然流域划定作业区，不硬性规定面积大小。作业区的形状多设计为长方形。平地核桃园，作业区的长边应与当地风害的方向垂直，行向与作业区长边一致，以减少风害。山地建园，作业区可采用带状长方形，作业区的长边应与等高线的走向相一致，以提高工作效率。同时，要保持作业区内的土壤、光照、气候条件的相对一致。更有利于水土保持工程的施工及排灌系统的规划。

（二）防护林的设置

1. 防护林的作用

核桃园建立防护林可以改善核桃的生态条件，提高核桃树的坐果率，增加果实产量，提高果实品质，实现良好经济效益。防护林能抵挡寒风的侵袭，降低核桃园的风害，并能控制土壤水分的蒸发量，调节核桃园的温度和湿度，减轻或防止霜、冻危害和土壤盐渍化。

2. 适宜类型

林带类型不同，防风效果不同。核桃园常选用林冠上下均匀透风的疏透林带或上部林冠不透风、下部透风的透风林带。若以减轻风速25%为有效保护作用，防护林的防护范围，迎风面大约在林带高的5~10倍，背风面在林带高度的25~60倍。防护林的宽度、长度和高度，以及防护林带与主要有害风的偏角都影响防风效果和防风范围。

3. 主林带与副林带的配置及适宜树种

加强对主要有害风的防护，通常采用较宽的林带，称主林带（宽约20米）。主林带与主要有害风垂直。垂直于主林带设置较窄的林带（宽约10米），称为副林带，以防护其他方向的风害。在主、副林带之间，可加设1~2条林带，也称折风线，进一步减低风速，加强防护效果，这样形成了纵横交错的网络，即称林网。林网内的核桃树可获得较好的防护。

林带常以高大乔木和亚乔木及灌木组成。行距 2~2.5 米，株距 1~1.5 米。北方乔木多用杨树、泡桐、水杉、臭椿、皂角、楸树、榆树、柳树、枫树、水曲柳、白蜡。灌木有紫穗槐、沙枣、杞柳、桑条。为防止林带遮阴和树根串入核桃园影响核桃树生长，一般要求林带南面距核桃树 10~15 米，林带北面距核桃树 20~30 米。为了经济用地，通常将核桃园的路、渠、林带相结合配置。

三、道路系统的规划

为使核桃园生产管理高效方便，应根据需要设置宽度不同的道路。各级道路应与作业区、防护林、排灌系统、输电线路、机械管理等互相结合。一般中大型核桃园有主路（或干路）、支路和作业道三级道路组成。主路贯穿全园，宽度要求 4~5 米。支路是连接干路通向作业区的道路，宽度要求达到 3~4 米。小路是作业区内从事生产活动的要道，宽度要求达到 2~3 米。小型核桃园可不设主路和小路，只设支路。山地核桃园的道路应根据地形修建。坡道路应选坡度较缓处，路面要内斜，路面内侧修筑排水沟。

四、排灌系统的设置

排灌系统是核桃园科学、高效、安全生产的重要组成部分。山地干旱地区核桃园，可结合水土保持、修水库、开塘堰、挖涝池，尽量保蓄雨水，以满足核桃树生长发育的需求。平地核桃园，除了打井修渠满足灌溉以外，对于易于沥涝的低洼地带，要设置排水系统。

　　输水和配水系统，包括干渠、支渠和园内灌水沟。干渠将水引至园中，纵贯全园。支渠将水从干渠引至作业区。灌水沟将支渠的水引至行间，直接灌溉树盘。干渠位置要高些，以利扩大灌溉面积，山地核桃园应设在分水岭上或坡面上方，平地核桃园可设在主路一侧。干渠和支渠可采用地下管网。山地核桃园的灌水渠道应与等高线走向一致，配合水土保持工程，按一定的比降修成，可以排灌兼用。

　　核桃属深根树种，忌水位过高，地下水位距地表小于2.0米，核桃的生长发育即受抑制。因此，排水问题不可忽视，特别是起伏较大的山地核桃园和地下水位较高的下湿地，都应重视排水系统的设计。山地核桃园主要排除地表径流，多采用明沟法排水，排水系统由梯田内的等高集水沟和总排水沟组成。集水沟可修在梯田内沿，而总排水沟应设在集水线上。平地核桃园的排水系统是由小区以内的集水沟和小区边沿的支沟与干沟三部分组成，干沟的末端为出水口。集水沟的间距要根据平时地面积水情况而定，一般间隔2~4行挖一条。支沟和干沟通常都是按排灌兼用的要求设计，如果地下水位过高，需要结合降低水位的要求加大深度。

五、品种配置

　　选择栽植的品种，应具有良好的商品性状和较强的适应能力。核桃具有雌雄异熟、风媒传粉、传粉距离短及坐果率差异较大等特性，为了提供良好的授粉条件，最好选用2~3个主栽品种，而且能互相授粉。

六、栽植密度

核桃栽植密度，应根据立地条件、栽培品种和管理水平不同而异，以单位面积能够获得高产、稳产，便于管理为原则。栽培在土层深厚，肥力较高的条件下，树冠较大，株行距也应大些，晚实核桃可采用6米×8米或8米×9米，早实核桃采用4米×6米。

对于栽植在耕地田埂、坝堰，以种植作物为主，实行果粮间作的核桃园，间作密度不宜硬性规定，一般株行距为6米×12米或8米×9米。山地栽植以梯田宽度为准，一般一个台面一行，台面宽于20米的可栽植两行，台面宽度小于8米时，隔台一行，株距一般为晚实核桃5~8米，早实核桃4~6米。

第三节　种植技术

一、改良挖穴

核桃树属于深根性植物。因此，要求土层深厚，土壤较肥沃。不论山地或平地栽植，均应提前进行土壤熟化和增加肥力的准备工作。土壤准备主要包括平整土地、修筑梯田及水土保持工程的建设等。在此基础上还要进行深翻熟化、改良土壤、定点挖穴、增加有机质等各项工作。

（一）土壤深翻熟化和土壤改良

通过深翻可以使土壤熟化，同时改善表土层以下淋溶层、淀积层的土壤结构。核桃多栽培在山地、丘陵区，少部分栽培在平原地上。对于活土层浅、理化性质差的土壤，深翻显得更为重要。深耕的深度为 80~100 厘米。深翻的同时可以进行土壤改良，包括增施有机肥、绿肥，使用土壤改良剂等。沙地栽植，应混合适量黏土或腐熟秸秆以改良土壤结构；在黏重土壤或下层为砾石的土壤上栽植，应扩大定植穴，并采用客土、掺沙、增施有机肥、填充草皮土或表面土的方法来改良土壤。

（二）定点挖穴

按预定的栽植设计方案，测量出核桃的栽植点，并按点挖栽植穴。栽植穴或栽植沟，应于栽植前一年的秋季挖好，使心土有一定熟化的时间。栽植穴的深度和直径为 1.0 米以上。密植园可挖栽植沟，沟深与沟宽为 1.0 米。无论穴植或沟植，都应将表土与心土分开堆放。定植穴挖好后，将表土、有机肥和化肥混合后进行回填，每定植穴施优质农家肥 30~50 千克，磷肥 3~5 千克，然后浇水压实。地下水位高或低湿地果园，应先降低水位，改善全园排水状况，再挖定植沟或定植穴。

（三）肥料贮备

肥料是核桃生长发育良好的物质基础。特别是有机肥所含的营养比较全面，不仅含核桃生长所需的营养元素，而且含有激素、维生素、氨基酸、葡萄糖、DNA、RNA、酶等多种活性物质，可提高土壤腐殖质，增加土壤孔隙度，改善土壤结构，提高土壤的保水和保肥能力。在核桃栽植时，施入适量有机底肥，能有效促进核桃的生长发育，提高树体的抗逆性和适应性。如果同时加入适量的磷肥和氮肥作底肥，效果更显著。为此，在苗木定植前，应做好肥料的准备工作，可按每株 20~30 千克准备有机肥，按每株 1~2 千克准备磷肥。如果以秸秆为底肥，应施入适量的氮肥。

二、种植苗木

（一）苗木准备

苗木质量直接关系到建园的成败。苗木要求品种准确，主根及侧根完整，无病虫害。苗木长途运输时应注意保湿、避免风吹、日晒、冻害及霉烂。

（二）授粉树配置

专门配置授粉树时，可按每 4~5 行主栽品种，配置 1 行授粉品种。山地梯田栽植时，可以根据梯田面的宽度，配置一定比例的授粉树，原则上主栽品种与授粉比例为（8~10）：1 为宜。授粉品种也应具有较高的商品价值。

（三）种植密度

核桃树喜光，栽植密度过大，果园郁闭，影响产量；密度过小，土地利用率低。因此，核桃栽植密度，应根据立地条件、栽培品种和管理水平不同而异，以单位面积能够获得高产、稳产，便于管理为原则。栽培在土层深厚，肥力较高的条件下，树冠较大，株行距也应大些，早实核桃可采用 4 米×6 米，宽行密株模式。

对于栽植在耕地田埂、坝堰，以种植作物为主，实行果粮间作的核桃园，间作密度不宜硬性规定，一般株行距为 6 米×12 米或 8 米×9 米。山地栽植以梯田宽度为准，一般一个台面一行，台面宽于 20 米的可栽植两行，台面宽度小于 8 米时，隔台一行，株距一般为 4~6 米。

（四）定植

核桃的栽植时期分为春栽和秋栽。北方冬季气温低，以春栽为宜，栽后不需防寒，春栽一般在土壤化冻后至发芽前。在干旱、冷凉地区，以秋栽为好。冬季寒冷多风，秋季栽植幼树容易受冻害或抽条，应注意幼树防寒，可栽后埋土防寒。秋栽树发芽早而且生长旺盛，秋栽一般在落叶后至土壤封冻前。

栽植以前，剪除苗木的伤根、烂根后，将根系放在500~1 000毫克/升的 ABT 生根粉 3 号溶液中浸泡 1 小时以上，以利成活。挖长、宽、深40 厘米×40 厘米×40 厘米的定植穴，将表土和土粪混合填入坑底，把树苗放入定植穴中央、扶正，舒展根系，分层填土踩实，培土到与地面相平，全面踩实后，修整树盘，及时浇水，且第一遍水务必浇足。待水渗下后，用高 40 厘米以上的大土墩封好苗木颈部，防止抽条，保温保湿。

提高成活率的措施：挖大穴，保证苗木根系舒展；在灌溉困难的园地，树盘用地膜覆盖不仅可防旱保墒，还可以增加地温，促进根系再生恢复；防治病虫害，清除杂草。北方部分地区，越冬前，在 2~3 年的核桃枝条上涂抹聚乙烯醇胶，有一定的防寒作用。

第四节　种植当年的管理

一、除草施肥灌水

为了促进幼树的生长发育，应及时进行人工除草，施肥灌水及加强土壤管理等。栽植后应根据土壤干湿状况及时浇水，以提高栽植成活率，促进幼树生长。栽植灌水后，也可地膜覆盖树盘，以减少土壤蒸发。在生长季，结合灌水，可追施适量化肥，前期以追施氮肥为主，后期以磷、钾肥为主；也可进行叶面喷肥。结果前应以氮肥为主，以促进树冠形成，提早结果。

二、补栽及除萌

春季萌芽展叶后，应及时检查苗木的成活情况，对未成活的植株，应及时补栽同一品种的苗木。

嫁接部位以下砧木易萌发新芽，应及时检查和除萌，以免浪费养分，促进嫁接部位以上生长。

三、定干

对于达到定干高度的幼树，要及时进行定干。定干高度要依据品种特性、栽培方式及土壤和环境等条件而确定。一般来讲，早实核桃的树冠较小，定干高度一般为 1.2~1.4 米为宜。果材兼用型核桃品种，为了提高干材的利用率，干高可定在 3.0 米以上。

四、冬季防抽干

我国华北和西北地区冬季寒冷干旱，栽后 2~3 年的核桃幼树，经常发生抽条现象。因此，要根据当地具体情况，进行幼树防寒和防抽条工作。

防止核桃幼树抽条的根本措施是提高树体自身的抗冻性和抗抽条能力。加强水肥管理，按照前促后控的原则，7 月以前以施氮肥为主，7 月以后以磷、钾肥为主，并适当控制灌水。在 8 月中旬以后，对正在生长的新梢喷布 1 000~1 500 毫克/千克的多效唑，可有效控制枝条旺长，增加树体的营养贮藏和抗性。入冬前灌一次冻水，提高土壤的含水量，减少抽条的发生。及时防止大青叶蝉在枝干上产卵为害。在此基础上，对核桃幼树采取埋土、培土防寒，结合涂刷聚乙烯醇胶液（聚乙烯醇的熬制方法：将工业用的聚乙烯醇放入50℃温水中，聚乙烯醇与水的比例为 1：（15~20），边加水边搅拌，直至聚乙烯醇完全溶于水，凉至不烫手后涂抹），也可树干绑秸秆、涂白，减少核桃枝条水分的损失，避免抽条发生。

第五章　核桃土、肥、水管理

第一节　土壤管理

一、土壤深翻的时期

核桃园四季均可深翻，但应根据具体情况与要求因地制宜的适时进行，并采用相适应的措施，才能收到良好效果。

（一）秋季深翻

一般在果实采收后结合秋施基肥进行。此时地上部生长较慢，养分开始积累；深翻后正值根系秋季生长高峰，伤口容易愈合，并可长出新根。如结合灌水，可使土粒与根系迅速密接，有利于根系生长。因此秋季是核桃园深翻较好的时间。

（二）春季深翻

应在解冻后及早进行。此时地上部尚处于休眠期，根系刚开始活动，生长较缓慢，但伤根容易愈合和再生。从土壤水分季节变化规律看，春季土壤化冻后，土壤水分向上移动，土质疏松，操作省工。北方多春旱，翻后需及时灌水。早春多风地区，蒸发量大，深翻过程中应及时覆盖根系，免受旱害。风大干旱缺水和寒冷地区，不宜春翻。

（三）夏季深翻

最好在根系前期生长高峰过后，北方雨季来临前后进行。深翻后，降雨可使土粒与根系密接，不致发生吊根或失水现象。夏季深翻伤根容易愈合。雨后深翻，可减少灌水，土壤松软，操作省工。但夏季深翻如果伤根过多，易引起落果，故一般结果多的大树不宜在夏季深翻。

（四）冬季深翻

入冬后至土壤上冻前进行，操作时间较长，但要及时盖土以免冻根。如墒情不好，应及时灌水，使土壤下沉，防止冷风冻根。北方寒冷地区一般不进行冬翻。

二、土壤深翻的方法

（一）深翻扩穴

又叫放树窝子。幼树定植数年后，再逐年向外深翻扩大栽植穴，直至株行间全部翻遍为止，适合劳力较少的果园，但每次深翻范围小，需3~4次才能完成全园深翻。每次深翻可结合施有机肥料于沟底。

（二）隔行深翻

即隔一行翻一行。山地和平地果园因栽植方式不同，深翻方式也有差别。等高撩壕的坡地果园和里高外低梯田果园，第一次先在下半行给以较浅的深翻施肥，下一次在上半行深翻把土压在下半行上，同时施有机肥料。这种深翻应与修整梯田等相结合。平地果园可随机隔行深翻，分两次完成。每次只伤一侧根系，对核桃生育的影响较小。

行间深翻便于机械化操作。

（三）全园深翻

将栽植穴以外的土壤一次深翻完毕。这种方法一次需劳力较多，但翻后便于平整土地，有利果园耕作。

上述几种深翻方式，应根据果园的具体情况灵活运用。一般小树根量较少，一次深翻伤根不多，对树体影响不大。成年树根系已布满全园，以采用隔行深翻为宜。深翻要结合灌水，也要注意排水，山地果园应根据坡度及面积大小等决定，以便于操作，有利于核桃生长为原则。

三、培土（压土）与掺沙

这种改良土壤的方法，在我国南北普遍采用。具有增厚土层、保护根系、增加营养、改良土壤结构等作用。

（一）培土的方法

把土块均匀分布全园，经晾晒打碎，通过耕作把所培的土与原来的土壤逐步混合起来。培土量视植株大小、土源、劳力等条件而定。但一次培土不宜太厚，以免影响根系生长。

（二）压土掺沙的时期

北方寒冷地区一般在晚秋初冬进行，可起保温防冻、积雪保墒的作用。压土掺沙后，土壤熟化、沉实，有利核桃的生长发育。

（三）压土厚度

压土厚度要适宜，过薄起不到压土作用，过厚对核桃生育不利，"沙压黏"或"黏压沙"时一定要薄一些，一般厚度为 5~10 厘米；

压半风化石块可厚些，但不要超过 15 厘米。连续多年压土，土层过厚会抑制核桃根系呼吸，从而影响核桃生长和发育，造成根颈腐烂，树势衰弱。所以，一般在果园压土或放淤时，为了防止对根系的不良影响应把土露出根颈。

第二节　中耕除草

一、中耕除草

中耕和除草，是核桃园土壤管理中经常采用的两项紧密结合的技术措施，中耕是除草的一种方式，除草也是一种较为简单的中耕。

（一）中耕

中耕可以改善土壤温度和通气状况，消灭杂草，减少养分、水分竞争，造就深、松、软、透气和保水保肥的土壤环境，以促进根系生长，提高核桃园的生产能力。中耕在整个生长季中可进行多次。在早春解冻后，及时耕耙或浅刨全园，并结合镇压，以保持土壤水分，提高土温，促进根系活动。秋季可进行深中耕，使干旱地核桃园多蓄雨水，涝洼地核桃园可散墒，防止土壤湿度过大及通气不良。

（二）除草

在不需要进行中耕的果园，也可单独进行。杂草不但与核桃树竞争养分和阳光，有的还是病菌的中间寄主和害虫的栖息地，容易导致病虫害蔓延。因此，需要经常进行除草工作。除草宜选择晴天进行。

二、覆盖法除草

在树冠下或稍远处覆以杂草、秸秆等。平地或山地果园均可采用。覆盖时期与覆盖目的有关，为了防旱则在旱季来临前覆盖。也可地膜覆盖，其是土壤管理的一项技术，经济效益也较明显。

（一）覆草

可改良土壤，提高土壤的有机质含量，减少土壤水分蒸发，调节地温，抑制杂草等。覆草以麦草、稻草、野草、豆叶、树叶、糠壳为好。也可用锯末、玉米秸、高粱秸、谷草等。覆草一年四季均可进行，但以夏末、秋初为好，覆盖前应适量追施氮素化肥，随后及时浇水或趁降雨追肥后覆盖。覆草厚度以15～20厘米为宜，为了防止大风吹散草或引起火灾，覆草后要斑点状压土，但切勿全面压土，以免造成通气不畅。覆草应每年加添，保持一定的厚度，几年后搞一次耕翻，然后再覆。

（二）地膜覆盖

具有增温、保温，保墒提墒，抑制杂草等功效，有利于核桃树的生长发育。尤其是新栽幼树，覆膜后成活率提高，缓苗期缩短，越冬抗寒能力增强。覆膜时期一般选择在早春进行，最好是春季追肥、整地、浇水，或降雨后趁墒覆膜。覆膜时，膜的四周用土压实，膜上斑斑点点的压一些土，以防风吹和水分蒸发。

三、药剂除草

药剂除草法具有保持土壤自然结构、节省劳力、降低生产成本和提高除草效果等优点。因核桃树对除草剂较敏感，所以为安全起见，在有条件进行机械或人工除草的地方，尽量不用或少用除草剂。

使用除草剂应选择无风天气，严防将药液喷洒或接触到枝叶或果实上，以免发生药害。除草剂种类很多，在使用除草剂之前，必须掌握除草剂的特性和正确的使用方法，根据具体情况选择适宜的除草剂，先进行小区试验（使用时期和用量），证实无害后再大面积应用。

第三节　施肥与灌水技术

一、施肥

（一）核桃园常用肥料的种类

施肥种类有基肥和追肥两种。基肥一般为经过腐熟的有机肥料，如厩肥、堆肥等。能够在较长时间内持续供给树体生长发育所需要的养分，并能在一定程度上改良土壤性质。追肥以速效性无机肥料为主，根据树体需要，在生长期中施入，以补充基肥的不足。其主要作用是满足某一生长阶段核桃对养分的大量需求。

1. 有机肥料

有机肥料也称农家肥料，它不但具有核桃生长发育所必需的各种元素，而且还含有丰富的有机物。有机肥料分解慢，肥效长，养分不易流失。由于有机肥料含有丰富的有机质，因此施入土壤后能改善核桃的二氧化碳营养情况，调节土壤微生物活动。

有机肥料种类繁多，来源广，数量大，如厩肥、粪肥、饼肥、堆肥、泥土肥、熏肥、绿肥，其中以猪圈肥、人粪尿、堆沤肥、绿肥为最多。

2. 无机肥料

无机肥又称矿质肥，是由矿藏的开采、加工或者由工厂直接合成生产的，也有一些属于工业的副产物。无机肥料多具有以下特性。

（1）养分含量较高，便于运输、贮藏和施用，施用量少，肥效显著。

（2）营养成分比较单一，一般仅含一种或几种主要营养元素。施一种无机肥料会发生植物营养不平衡，产生"偏食"现象，应配合其他无机肥料或有机肥料施用。

（3）肥效迅速，一般 3~5 天即可见效，但后效短。无机肥料多为水溶性或弱酸溶性，施用后很快转入土壤溶液，可直接被植物吸收利用，但也易造成流失。

3. 绿肥

将绿色植物的青嫩部分，经过刈割或直接翻入土中作肥料的，均称为绿肥。绿肥产量高，每亩可产鲜物质 1 000~2 000 千克；组织幼嫩，磷氮值比较小，分解快，肥效显著；根系吸收能力强，可吸收利用难溶性矿物质。一些绿肥植物如沙打旺根系发达，穿透力强，在根系残体转化时能聚集多糖和腐殖质，可改善土壤结构。豆科绿肥植物具有根瘤，可以固定大气中的氮，每年每亩增加 2~7.5 千克氮素，有时高达 11.25 千克。绿肥植物可以吸收保存苗木或幼树多余的速效营养，以避免淋失。绿肥植物还有遮阳、固沙、保土、防止杂草生长以及提供饲料等作用。

（二）核桃园施肥时期

基肥的施入时期可在春、秋两季进行，最好在采收后到落叶前施入基肥，此时土温较高，不但有利于伤根愈合和新根形成与生长，而且有利于有机肥料的分解和吸收，对提高树体营养水平，促进翌年花芽分化和生长发育均有明显效果。

追肥一般每年进行 2~3 次，第 1 次在核桃开花前或展叶初期进行，以速效氮为主。主要作用是促进开花坐果和新梢生长。追肥量应占全年追肥量的 50%。第 2 次在幼果发育期（6 月），仍以速效氮为主，盛果期树也可追施氮、磷、钾复合肥料。此期追肥主要作用是促进果实发育，减少落果，促进新梢的生长和木质化程度的提高，以及花芽分化，追肥量占全年追肥量的 30%。第 3 次在坚果硬核期（7 月），以氮、磷、钾复合肥为主，主要作用是供给核桃仁发育所需的养分，保证坚果充实饱满。此期追肥量占全年追肥量的 20%。

（三）施肥方法

1. 辐射状施肥

以树干为中心，距树干 1.0~1.5 米处，沿水平根方向，向外挖 4~6 条辐射状施肥沟，沟宽 40~50 厘米，沟深 30~40 厘米，沟由里到外逐渐加深，沟长随树冠大小而定，一般为 1~2 米。肥料均匀施入沟内，埋好即可。施基肥要深，施追肥可浅些。每次施肥，应错开开沟位置，扩大施肥面。此法对 5 年生以上幼树较常用（图 5-1）。

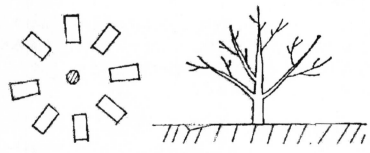

图 5-1　辐射状施肥

2. 环状施肥

沿树冠边缘挖环状沟，沟宽 40~50 厘米，沟深 30~40 厘米。此法易挖断水平根，且施肥范围小，适用于 4 年生以下的幼树（图 5-2）。

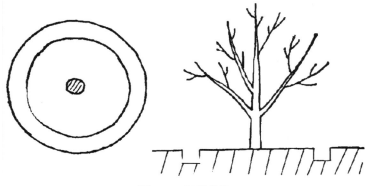

图 5-2　环状施肥

3. 穴状施肥

多用于施追肥。以树干为中心，从树冠半径的 1/2 处开始，挖成若干个小穴，穴的分布要均匀，将肥料施入穴中埋好即可。亦可在树冠边缘至树冠半径 1/2 处的施肥圈内，在各个方位挖成若干不规则的施肥小穴，施入肥料后埋土（图 5-3）。

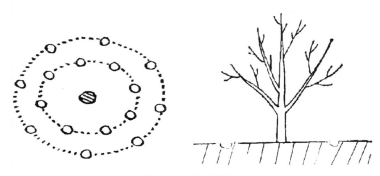

图 5-3　穴状施肥

4. 条状沟施

在树冠外沿行间或株间相对两侧开沟，沟宽 40~50 厘米，沟深 30~40 厘米，沟长随树冠大小而定。幼树一般 1~3 米，成年树根据树冠情况另定。翌年的挖沟位置可调换到另两侧。此法适用于幼树或成年树（图 5-4）。

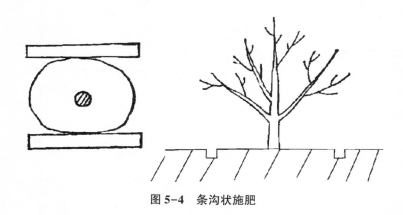

图 5-4　条沟状施肥

5. 全园撒施

将肥料均匀撒入核桃园内，然后浅翻浇水。

以上五种方法，施肥后均应立即灌水，以增加肥效。若无灌溉条件，应做好保水措施。

6. 根外追肥

特别是在树体出现缺素症时，或为了补充某些容易被土壤固定的元素，通过根外追肥可以收到良好的效果，对缺水少肥地区尤为实用。叶面追肥的种类和浓度，尿素 0.3%~0.5%，过磷酸钙 0.5%~1%，硫酸钾 0.2%~0.3%，硼酸 0.1%~0.2%，硫酸铜 0.3%~0.5%。总的原则是，生长前期应施稀肥，后期可施浓肥。喷肥应在 10:00 点以前和 15:00 点以后进行，阴雨或大风天气不宜喷肥。注意叶面喷肥不能代替土壤施肥，二者结合才能取得良好效果。实际应用时，尤其在混用农药时，应先做小规模实验，以避免发生药害造成损失。

二、灌水

核桃树枝、叶、根中的水占 50%左右，叶片进行光合作用，以及光合产物的运送和积累；维持细胞膨胀压，保证气孔开闭；蒸腾散失水分，调节树体温度；矿质元素进入树体等，一切生命活动都必须在有水的条件下进行。水分丰缺状况是影响树体生长发育进程、制约产量高低及质量优劣的重要因素。

核桃树年周期中，果实发育期和硬核期需要较多的水分，供水不足会引起大量落果，核仁不饱满，影响产量和品质。缺水，则萌芽晚或发芽不整齐，开花坐果率低，新梢生长受阻，叶片小，新梢短，树势弱。年降水量为 600 毫米以上，可基本满足普通核桃的需要。季节降水很不均匀，有春旱的地区，必须设法灌溉。新梢停止生长，进入花芽分化期，需水量相对减少，此时水多对花芽分化不利；果实发育期间要求供水均匀，临近成熟期水分忽多忽少，会导致品质下降、采前落果；生长后期枝条充实、果实体积增大，也需要适宜的水分，干旱影响营养物质的转化和积累，降低越冬能力。

（一）灌水时期

确定果园的灌溉时期，一要根据土壤含水量，二要根据核桃物候期及需水特点。依物候期灌溉时期，主要是春季萌芽前后，坐果后及采收后三次。除物候指标外，还参考土壤实际含水量而确定灌溉期。一般生长期要求土壤含水量低于 60%时灌溉；当超过 80%时，则需及时中耕散湿或开沟排水。具体实施灌溉时，要分析当时、当地的降水状况、核桃的生育时期和生长发育状况。灌溉还应结合施肥进行。核桃应灌顶凌水和促萌水，并在硬核期、种仁充实期及封冻前灌水。

（二）常用的灌水方法

根据输水方式，果园灌溉可分为地面灌溉、地下灌溉、喷灌和滴灌。目前大部分果园仍采用地面灌溉，干旱山区多数为穴灌或沟灌，少数果园用喷灌、滴灌。

1. 地面灌溉

最常用的是漫灌法，在水源充足，靠近河流、水库、塘坝、机井的果园，在园边或几行树间修筑较高的畦埂，通过明沟把水引入果园。地面灌溉灌水量大，湿润程度不匀。这种方法灌水过多，加剧了土壤中的水、气矛盾，对土壤结构也有破坏作用。在低洼及盐碱地，还有抬高地下水位，使土壤泛碱的弊端。

与漫灌近似的是畦灌，以单株或一行树为单位筑畦，通过多级水沟把水引入树盘进行灌溉。畦灌用水量较少，也比较好管理，有漫灌的缺点，只是程度较轻。在山区梯田、坡地则树盘灌溉普遍采用。

穴灌是节水灌溉。即根据树冠大小，在树冠投影范围内开 6~8 个直径 25~30 厘米、深 20~30 厘米的穴，将水注入穴中，待水渗后埋土保墒。在灌过水的穴上覆盖地膜或杂草，保墒效果更好。

沟灌，是地面灌溉中较好的方法。即在核桃行间开沟，把水引入沟中，靠渗透湿润根际土壤。节省灌溉用水，又不破坏土壤结构。灌水沟的多少以栽植密度而定，在稀植条件下，每隔 1~1.5 米开一条沟，宽 50 厘米、深 30 厘米左右。密植园可在两行树之间只开一条沟。灌水后平沟整地。

2. 地下灌溉（管道灌溉）

借助于地下管道，把水引入深层土壤，通过毛细管作用逐渐湿润根系周围。用水经济，节省土地，不影响地面耕作。整个管道系统包括水塔（水池）、控水枢纽、干管、支管和毛管。各级管道在园中交织成网状排列，管道埋于地下50厘米处。通过干管、支管把水引入果园，毛管铺设在行间或株间，管上每隔一段距离留有出水小孔（或其他新材料渗透水）。灌溉时水从小孔渗出湿润土壤。控水枢纽处设有严密的过滤装置，防止泥沙、杂物进入管道。山地果园可把供水池建在高处，依靠自压灌溉；平地果园则需修建水塔，通过机械扬水加压。

3. 喷灌

整个喷灌系统包括水源、进水管、水泵站、输水管道、竖管和喷头几部分。应用时可根据土壤质地、湿润程度、风力大小等调节压力、选用喷头及确定喷灌强度，以便达到无渗漏、径流损失，又不破坏土壤结构，同时能均匀湿润土壤的目的。喷灌节约用水，用水量是地面灌溉的1/4，保护土壤结构。调节果园小气候，清洁叶面，霜冻时还可减轻冻害，炎夏喷灌可降低叶温、气温和土温，防止高温、日灼伤害。

4. 滴灌

整个系统包括控制设备（水泵、水表、压力表、过滤器、混肥罐等）、干管、支管、毛管和滴头。具有一定压力的水，从水源经严格过滤后流入干管和支管，把水输送到果树行间，围绕树株的毛管与支管连接，毛管上安有4~6个滴头（滴头流量一般为2~4升/小时）。水通过滴头源源不断地滴入土壤，使果树根系分布层的土壤一直保持最适宜的湿度状态。滴灌是一种用水经济、省工、省力的灌溉方法，特别适用于缺少水源的干旱山区及沙地。应用滴灌比喷灌

节水 36%~50%，比漫灌节水 80%~92%。由于供水均匀、持久，根系周围环境稳定，十分有利于果树的生长发育。但滴头易发生堵塞，更换及维修困难。昼夜不停使用滴灌时，使土壤水分过饱和，易造成湿害。滴灌时间应掌握湿润根系集中分布层为度。滴灌间隔期应以核桃生育进程的需求而定。通常，在不出现萎蔫现象时，无须过频灌水。

5. 肥水一体化技术

通过灌溉系统施肥，核桃树体在吸收水分的同时也可以吸收养分。灌溉同时进行的施肥一般是在压力作用下将肥料溶液注入灌溉输水管道，溶有肥料的水通过注水器注入根区，果树根系一边吸水一边吸肥，显著提高肥料的利用率，是现代核桃生产管理的一项重要技术。目前，以滴灌施肥最普遍，具有显著的节水节费，省工省时，增产增效作用。

第四节　核桃园间作

间作可形成生物群体，群体间可互相依存，还可改善微区气候，有利幼树生长，并可增加收入，提高土地利用率。合理间作既充分利用光能，又可增加土壤有机质，改良土壤理化性状。如间作大豆，除收获豆实外，遗留在土壤中的根、叶，每亩地可增加有机质约17.5 千克。利用间作物覆盖地面，可抑制杂草生长，减少蒸发和水土流失，还有防风固沙作用，缩小地面温变幅度，改善生态条件的作用。

一、间作的原则

（1）间作种类和形式以有利于核桃的生长发育为原则，应留出足够的树盘，以免影响核桃树的正常生长和发育。

（2）幼龄核桃园，可间作小麦、豆类、薯类、花生、绿肥、草莓等矮秆作物。

（3）立地条件好，株行距较大，长期进行间作的核桃园，期间作物种类较多，既有高秆的玉米、高粱等，也有矮秆的小麦、豆类、花生、棉花、薯类、瓜菜等，但要有一套严格的轮作制度。

（4）在荒山、滩地建造的核桃园，立地条件较差，肥力低，间作应以养地为主，可间作绿肥和豆科作物等。

（5）立地条件虽好，但已基本郁闭的核桃园，一般不宜间种作物，有条件的可在树下培养食用菌，如平菇等。

二、间作注意的问题

（1）种植间作物，应加强树盘肥水管理。尤其是在作物与树竞争养分剧烈的时期，要及时施肥灌水。

（2）间作物要与树保持一定距离。尤其是播种多年生牧草，更应注意。因多年生牧草根系强大，应避免其根系与树根系交叉，加剧争肥争水的矛盾。

（3）间作物植株矮小，生育期较短，适应性强，与树需水临界期最好能错开。在北方没有灌溉条件的果园，耗水量多的宽叶作物（如大豆）可适当推迟播种期。

（4）间作物与核桃树没有共同病虫害，比较耐荫和收获较早等。并根据各地具体条件制定间作物的轮作制度。轮作制度因地而异，以选中耕作物轮作较好。

第六章 核桃的整形修剪

整形与修剪是核桃园的重要技术管理措施。早实核桃具有分枝力强、结果早、易抽二次枝的特性，疏于管理容易造成树体结构紊乱、光照不良和结果部位外移等问题。为了培养丰产、稳产的树形和牢固的骨架，主枝和各级侧枝在树冠内部应合理分布，优化通风透风条件，以达到壮树、早结果和多结果的目的，为丰产稳产打下良好基础。

第一节 修剪时间

核桃在休眠期修剪易产生伤流。为了避免伤流损失树体营养，修剪时期多在春季萌芽后（春剪）和采收后至落叶前（秋剪）进行。但是，河北农业大学、山东省果树研究所、陕西省果树研究所等单位进行了核桃冬剪试验，结果表明，核桃冬剪不仅对生长和结果没有不良影响，而且在新梢生长量、坐果率和树体营养等方面的效果，都优于春剪、秋剪。试验认为，在休眠期修剪，主要是水分和少量矿质影响的损失；秋剪则有光合作用和叶片营养尚未回流的损失；春剪有呼吸消耗和新器官形成的损失。相比之下，春剪营养损失最多，秋剪次之，休眠期修剪损失最少。近年来，山东省、陕西省及河北省等地在普及休眠期修剪中，均未发现明显的不良影响。因此，在提倡核桃休眠期修剪的同时，应尽可能在萌芽前完成修剪工作。

第二节　修剪方法

一、短截与回缩

短截是剪去一年生枝条的一部分，回缩是在多年生枝上短截。两种修剪方法的作用都是促进局部生长，促进多分枝。修剪的轻、重程度不同，产生的反应不同。为提高其角度，一般可回缩到多年生枝有分叉的部位分枝处。

短截一年生枝条时，其剪口芽的选留及剪口的正确剪法，应根据该芽发枝的位置而定。

二、疏枝与缓放

从基部剪除枝条的方法称疏枝，又叫疏除，果树枝条过于稠密时，应进行疏枝。以改善风光条件，促进花芽形成。它与短截有完全不同的效应。

缓放也是修剪的一种手法，即抛放不剪截，任枝上的芽自由萌发。既可以缓和生长势，还有利于腋花结果。

枝条缓放成花芽后，即可回缩修剪，这种修剪法常在幼树和旺树上采用。凡有空间需要多发枝时，应采取短截的修剪方法；枝条过于密集，要进行疏除；而长势过旺的枝，宜缓放。只有合理修剪，才能使果树生长、结果两不误，以达到早果、稳产、优质的要求。

三、摘心与截梢

摘心是摘去新梢顶端幼嫩的生长点，截梢是剪截较长一段梢的尖端。其作用不仅可以抑制枝梢生长，节约养分以供开花坐果之需，避免无谓的浪费，提高坐果率，更可在其他果枝上促进花芽形成和开花结果。摘心还可促进根系生长，促进侧芽萌发分枝和二次枝生长。此种方法在快速成型方面可加快枝组形成，提高分枝级数，从而提高结果能力。

四、抹芽和疏梢

用手抹除或用剪刀削去嫩芽，称为抹芽或除芽。疏梢是新梢开始迅速生长时，疏除过密新梢。这两种修剪措施的作用是节约养分，以促进所留新梢的生长，使其生长充实；除去侧芽、侧枝，改善光照，有利于枝梢充实及花芽分化和果实品质的提高。尽早除去无益芽、梢，可减少因后来去除大枝所造成的大伤口及养分的大量浪费。

五、拉枝与开角

拉枝是将角度小的主要骨干枝拉开，以开张枝条角度。此法对旺枝有缓势的效应。拉枝适于在春季树液开始流动时进行，将树枝用绳或铁丝等牵引物拉下，靠近枝的部分应垫上橡皮或布料等软物，防止伤及皮部。

第三节 不同年龄树的修剪

一、幼树的整形修剪

核桃幼树期修剪的主要目的是培养适宜的树形，调节主枝、侧枝的分布，使各个枝条有充分的生长发育空间，促进树冠形成，为早果、丰产、稳产打下良好的基础。幼树修剪的主要任务包括定干和主、侧枝的培养等。修剪的关键是做好发育枝、徒长枝和二次枝等的处理工作。

（一）幼树的整形

核桃树干性强，芽的顶端优势特别明显，顶芽发育比侧芽充实肥大，树冠层明显，可以采用主干分层形、自然开心形和主干形，树形可根据品种、地形和栽植密度来确定。

1. 定干

树干的高低应该根据品种、地形、栽培管理方法和间作与否来确定。如果株行距较大，长期进行间作。为了便于作业，干高可留在 2.0 米以上；如考虑到果材兼用，提高干材的利用率，干高可达3.0 米以上。早实核桃由于结果早，树体较小，干高可留得矮一些。拟进行短期间作的核桃园，干高可留 1.2~1.5 米；早期密植丰产园干高可定为 1.0~1.2 米。

2. 树形的培养

核桃树可以采用主干分层形、自然开心形和主干形，树形可根据品种、地形和栽植密度来确定。

（二）幼树的修剪

当幼树达到一定高度时，可按树形要求，进行修剪，促使在一定的部位分生主枝，形成丰产树形。在幼树时期，应及时控制背后枝、过密枝和徒长枝，增强主枝。对幼树的非骨干枝、强枝和徒长枝要及时疏除，以防与主枝竞争。

1. 主枝和中央领导干的处理

主枝和侧枝延长头，为防止出现光秃带和促进树冠扩大，可每年适当截留 60~80 厘米，剪口芽可留背上芽或侧芽。中央领导干应根据整形的需要每年短截，剪口留在饱满芽的上方，这样可以刺激中央领导干翌年的萌发，使其保持领导地位。

2. 处理好背下枝

核桃背下枝春季萌发早，生长旺盛，竞争力强，容易使原枝头变弱而形成"倒拉"现象，如不加以控制，会影响枝头的发育，甚至造成原枝头枯死，导致树形紊乱。背后枝处理方法可根据具体情况而定。如果原母枝变弱或分枝角度较小，可利用背下枝或斜上枝代替原枝头，将原枝头剪除或培养成结果枝组；如果背下枝生长势中等，则可保留其结果；如果背下枝生长健壮，结果后可在适当分枝处回缩，将其培养成小型结果枝；如果背后枝已经影响上部枝条的生长，应疏除或回缩背后枝，抬高枝头，促进上部枝的发育。

3. 疏除过密枝

早实核桃分枝早，枝量大，容易造成树冠内部的枝条密度过大，不利于通风透光。因此，对树冠内各类枝条，修剪时应去强去弱留中庸枝。疏枝时，应紧贴枝条基部剪除，切不可留橛，以防止抽生徒长枝，并利于剪口的愈合。

4. 徒长枝的利用

早实核桃结果早，果枝率高，坐果率高，造成养分的过度消耗，枝条容易干枯，从而刺激基部的隐芽萌发而形成徒长枝。早实核桃徒长枝的突出特点是第 2 年都能抽枝结果，果枝率高。这些结果枝的长势，由顶部至基部逐渐变弱，中、下部的小枝结果后第 3 年多数干枯死亡，出现光秃带，造成结果部位外移，容易造成枝条下垂。为了克服这种弊病，利用徒长枝粗壮、结果早的特点，通过短截，或者夏季摘心等方法，将其培养成结果枝组，以充实树冠空间，更新衰弱的结果枝组。但是在枝量大的部位如果不及时控制，会扰乱树形，影响通风透光，这时应该从基部疏除。

5. 控制和利用二次枝

早实核桃具有分枝能力强，易抽生二次枝等特点。分枝能力强是早果、丰产的基础，对提高产量非常有利。但是早实核桃二次枝抽生晚，生长旺，组织不充实，在北方冬季易发生失水、抽条现象，导致母枝内堂光秃，结果部位外移。因此，如何控制和利用二次枝是一项非常重要的内容。对二次枝的处理方法有如下几种：第一种，若二次枝生长过旺，对其余枝生长构成威胁时，可在其未木质化之前，从基部剪除。第二种，凡在一个结果枝上抽生 3 个以上的二次枝，可选留早期的 1~2 个健壮枝，其余全部疏除。第三种，在夏季，对选留的二次枝。若生长过旺，可进行摘心，以促其尽早木质化，并控制其向外伸展。第四种，如果一个结果枝只抽生一个二次枝，且长势较强，可于春季或夏季对其实行短截，以促发分枝，并培养成结果枝组。春、夏季短截效果不同，夏季短截的分枝数量多，春季短截的发枝粗壮。短截强度以中、轻度为宜。

6. 短截发育枝

早实核桃通过短截，可有效增加枝条数量，加快整形过程。短截对象是从一级和二级侧枝上抽生的生长旺盛的发育枝，作用是促进新梢生长，增加分枝，但短截数量不宜过多，一般占总枝量的 1/3 左右，并使短截的枝条在树冠内部均匀分布。短截根据程度可分为轻短截（剪去枝条的 1/3 左右），中短截（剪去枝条的 1/2 左右）和重短截

（剪去枝条的 2/3 以上）。一般不采用重短截。剪截长为枝长的 1/4~1/2，短截后一般可萌发 3 个左右较长的枝条。通过短截，改变了剪口芽的顶端优势，剪口部位新梢生长旺盛，能促进分枝，提高成枝力。对核桃树上中等长枝或弱枝不宜短截，否则刺激下部发出细弱短枝，组织不充实，冬季易发生日烧而干枯，影响树势。

二、结果初期树的修剪

结果初期是指从开始结果到大量结果前的一段时间。早实核桃一般 2~4 年进入结果初期。初果期树的修剪是继续培养好各级主干枝，充分利用辅养枝早期结果，调节各级主侧枝的主从关系，平衡树势，积极培养结果枝组，增加结果部位。修剪时应去强留弱，或先放后缩，放缩结合，防止结果部位外移。对已影响主侧枝的辅养枝，可以逐渐疏除，给主侧枝让路。对徒长枝，可采用留、疏、改相结合的方法加以处理。对早实核桃得二次枝，可用摘心和短截的方法促其形成结果枝组，对过密的二次枝则去弱留强。同时应注意疏除干枯枝、病虫枝、过密枝、重叠枝和细弱枝。

（一）控制二次枝

二次枝抽生晚，生长旺，组织不充实，二次枝过多时，消耗养分多，不利于结果。控制的方法与幼树二次枝的修剪方法基本相同。

（二）利用徒长枝及旺盛营养枝

早生核桃由于结果早，果枝率高，消耗养分多而无法抽生新枝，但基部易萌发徒长枝，这种徒长枝的特点是第 2 年也能抽生 7~15 个结果枝，要充分利用。但抽生的结果枝由上而下生长势逐渐减弱、变短，第 3 年中、下部的小果枝多干枯脱落，出现光秃节，致使结果部位外移。为此，对徒长枝可采取抑前促后的办法。即春季发芽后短截或春季摘心，即可培养成结果枝组以便得到充分利用。对直径 3 厘米左右的旺盛的营养枝，于发芽前后拉成水平状，可增加果枝量。

（三）短截发育枝

即对较旺的发育枝进行短截，促进多分枝。但短截数量不宜过多，一般每棵树短截枝的数量占总枝量的 1/3 左右。短截可根据枝条的发育状况而定。长枝中截剪去 1/2，较短枝轻截，截去 1/3，一般不采用重截。

（四）培养结果枝组

结果初期应该加强结果枝组的培养，扩大结果部位。培养结果枝组的原则是大、中、小配备适当，分布均匀。培养的途径，对骨干枝上的大、中型辅养枝短截一部分外，对部分直立旺长的枝采取拉平缓放，夏季摘心等方法，促生分枝，形成结果枝组。对树冠内的健壮发育枝，可去直立留平斜，先放后缩培养成中、小型结果枝组，达到尽快扩大结果部位，提高产量的目的。

三、盛果期树的修剪

核桃进入结果盛期，树冠仍在继续扩大，结果部位不断增加，容易出现生长与结果之间的矛盾，有些还会出现郁闭和"大小年"的现象，这一时期保障核桃高产、稳产是修剪的主要任务。此时修剪以"保果增产，延长盛果期"为主。对冠内外密生的细弱枝、干枯枝、重叠枝、下垂枝、病虫枝要从基部剪除，改善通风和光照条件，促生健壮的结果母枝和发育枝。对内膛抽生的健壮枝条应适当控制保留，以利内膛结果。对过密大枝，要逐年疏除或回缩，剪时伤口削平，以促进良好愈合。因此在修剪上应注意培养良好的结果枝组，利用好辅养枝和徒长枝，及时处理背后枝与下垂枝。

（一）调整骨干枝和外围枝

核桃树进入盛果期后，由于树体结构已经基本形成。树冠扩大明显减缓，开始大量结果，大、中型骨干枝常出现密集和前部下垂现象。因此，此期对骨干枝和外围枝的修剪要点是，及时回缩过弱的骨干枝，回缩部位可在向斜上生长侧枝的前部。按去弱留强的原则疏除过密的外围枝，对有可利用空间的外围枝，可适当短截，从而改善树冠的通风透光条件，促进保留枝芽的健康生长。

（二）结果枝组的培养与更新

加强结果枝组的培养，扩大结果部位，防止结果部位外移是保证盛果期核桃园丰产稳产的重要措施，结果枝组的培养尤为重要。

培养结果枝组的原则是大、中、小配置适当，均匀地分布在各级主、侧枝上，在树冠内的总体分布是里大外小，下多上少，使内部不空，外部不密，通透良好，枝组间保持 0.6~1.0 米的距离。

（三）辅养枝的利用与修剪

辅养枝是指着生于骨干枝上，不属于所留分枝级次的辅助性枝条。这些枝条多数是在幼树期为加大叶面积，为充分占有空间，提早结果而保留下来的，属临时性枝条。对其修剪的要点为当与骨干枝不发生矛盾时可保留不动，如果影响主、侧枝的生长，就应及时去除或回缩。辅养枝应小且短于邻近的主侧枝，当其过旺时，应去强留弱或回缩到弱分枝处。对长势中等，分枝良好，又有可利用空间者，可剪去枝头，将其改造成结果枝组。

（四）徒长枝的利用和修剪

成年树随着树龄和结果量的增加，外围枝长势变弱，加之修剪和病虫为害等原因，易造成内膛骨干枝上的潜伏芽萌发，形成徒长枝，早实核桃更易发生。处理方法可视树势及内膛枝条的分布情况而定。如内膛枝条较多，结果枝组又生长正常，可从基部疏除徒长枝，如内膛有空间，或其附近结果枝组已衰弱，则可利用徒长枝培养成结果枝组，促成结果枝组及时更新。尤其在盛果末期，树势逐渐衰弱，产量开始下降，枯枝增多，更应注意对徒长枝的选留与利用。

（五）背下枝的处理

核桃树倾斜着生的骨干枝的背后枝，其生长势多强于原骨干枝，形成"倒流水"现象，这是核桃区别于其他果树的特点之一，也称之为核桃的背下优势。如果不及时处理核桃的背下枝，往往造成"主""仆"关系颠倒，严重的造成原枝头枯死。对背下枝的修剪方法为以下几种。

一是，对骨干枝抽生的背后枝，要及时疏除，而且越早越好，宜早不宜迟，以防影响骨干枝的生长。

二是，如果背后枝生长势强于原枝头，方向角度又合适，可用背后枝取代原枝头；如果背后枝角度过大，方向不理想，可疏除背后枝，保留原枝头。

三是，如果背后枝与原枝头长势相差不大，应及早疏除背后枝，保留原枝头。

四是，背后枝较弱的，可先放后回缩，培养成结果枝组。

五是，原枝头已经变弱，则可用背后枝换头，将原枝头剪除；如果有空间也可把原枝头培养成结果枝组。但必须注意抬高背后枝头的角度，以防下垂。

（六）清理无用枝条

应及时把长度在 6 厘米以下，粗度不足 0.8 厘米的细弱枝条疏除。原因是这类枝条坐果率极低。内膛过密、重叠、交叉、病虫枝和干枯枝等也应剪除，以减少不必要的养分消耗和改善树冠内部的通风透光条件。

此外，对早实核桃的二次枝处理方法基本上同幼龄阶段，只是要特别强调防止结果部位的迅速外移，对外围生长旺的二次枝应及时短截或疏除。

四、衰老树的修剪

核桃树寿命长，在良好的环境和栽培管理条件下，生长结果可达上百年甚至数百年。在管理粗放的条件下，早实核桃 40~60 年以后就进入衰老期。当核桃树的长势衰退时，应有计划地重剪更新，以恢复树势，延长结果年限。着重对多年生枝进行回缩修剪，在回缩处选留一个辅养枝，促进伤口愈合和隐芽萌芽，使其成为强壮新枝，复壮树势。对过于衰弱的老树，可逐年进行对多年生骨干枝的更新，利用隐芽萌发强壮的徒长枝，重新形成树冠，使树体生长健旺。修剪同时，与施肥、浇水、防治病虫害等管理结合起来，效果就更好。

（一）主干更新

又叫大更新，即将主枝全部锯掉，使其重新发枝并形成主枝。这种更新修剪量大，树势恢复慢，对产量影响也大，是在不得已的情况下进行的挽救措施。具体做法有以下两种。

一种是对主干过高的植株，可从主干的适当部位，将树冠全部锯掉，使锯口下的潜伏芽萌发新枝。核桃树潜伏芽的寿命较长，数量较多，回缩后，潜伏芽容易萌发成枝，然后从新枝中选留位置适宜、生长健壮的2~4个枝，培养成主枝。

另一种是对主干高度适宜的开心形植株，可在每个主枝的基部将其锯掉。如系主干形植株，可先从第一层主枝的上部锯掉树冠，再从各主枝的基部锯掉，使主枝基部的潜伏芽萌芽发枝。

（二）主枝更新

也叫中度更新，即在主枝的适当部位进行回缩，使其形成新的侧枝。具体做法：选择健壮的主枝，保留50~100厘米长，将其余部分锯掉，使其在主枝锯口附近发枝。发枝后，在每个主枝上选留位置适宜的2~3个健壮的枝条，将其培养成一级侧枝。

（三）枝组更新

对衰弱明显的大、中型结果枝组，进行重回缩，短截到健壮分枝处，促其发生新枝；小型枝组去弱留壮、去老留新；树冠内出现的健壮枝和徒长枝，尽量保留培养成各类枝组，以代替老枝组。另外应疏去多余的雄花序，以节约养分，增强树势。

（四）侧枝更新

也叫小更新，即将一级侧枝在适当的部位进行回缩，使之形成新的二级侧枝。这种更新方法的优点主要是新树冠形成和产量增加均较快。具体做法：在计划保留的每个主枝上，选择2~3个位置适宜的侧枝，在每个侧枝中下部长有强旺分枝的前端或上部剪截。对枯梢枝要重剪，促其从下部或基部发枝，以代替原枝头。疏除所有的枯枝、病枝、单轴延长枝和下垂枝。

对更新的核桃树，必须加强土、肥、水和病虫害防治等综合管理，以防止当年发不出新枝，造成更新失败。

第七章 花果管理技术

第一节 开花特性与授粉受精

一、开花特性

（一）雄花

核桃一般为雌雄同株异花。但是在从新疆引种的早实核桃幼树上，也发现有雌雄同花现象，不过，雄花多不具花药，不能散粉；也有的雌雄同序，但雌花多随雄花脱落。上述两种特殊情况基本没有生产意义。核桃雄花序为葇荑花序，长 8~12 厘米，花被 6 裂，每朵雄花有雄蕊 12~26 枚，花丝极短，花药成熟时为杏黄色，每个药室约有花粉 900 粒，有生活力的花粉约占 25%，当气温超过 25℃时，会导致花粉败育，降低坐果率。

春季雄花芽开始膨大伸长，由褐色变绿，从基部向顶部膨大，经过 6~8 天花序开始伸长，基部小花开始分离，萼片开裂并能看到绿色花药，此为初花期。再经过 6 天左右，花序达一定长度，小花开始散粉，此为盛花期，其顺序是由基部逐渐向顶端开放，2~3 天散粉结束。散粉结束后花序变黑而干枯。散粉期如遇低温、阴雨、大风等，将对授粉受精不利。雄花过多，消耗养分和水分过多，会影响树体生长和结果。

（二）雌花

雌花呈总状花序，着生于结果枝顶端。核桃雌花可单生、2~3朵簇生、4~6朵序生，有的品种有小花10~30朵呈穗状花序（如穗状核桃），通常为2~3朵簇生。雌花长约1厘米，宽约0.5厘米，柱头二裂，成熟时反卷，常有黏液分泌物，子房1室。

春季混合芽萌发后，结果枝伸长生长，在其顶端出现带有羽状柱头和子房的幼小雌花，雌花初显露时幼小子房露出，二裂柱头抱合，此时无授粉受精能力。5~8天后，子房逐渐膨大，羽状柱头开始向两侧张开，此时为初花期。此后，经过4~5天，当柱头呈倒"八"字形时，柱头正面突起且分泌物增多，为雌花盛花期，此时接受花粉能力最强，为授粉最佳时期。再经3~5天以后，柱头表面开始干涸，柱头反卷，授粉效果较差。之后柱头逐渐枯萎，失去授粉能力。

（三）二次花

核桃一般每年开花1次，但早实核桃具有二次开花结实的特性。二次花着生在当年生枝顶部。花序有三种类型：第一种是雌花序，只着生雌花，花序较短，一般长10~15厘米；第二种是雄花序，花序较长，一般为15~40厘米；第三种是雌雄混合花序，下半序为雌花，上半序为雄花，花序最长可达45厘米，一般易坐果。此外，早实核桃还常出现两性花：一种是子房基部着生8枚雄蕊，能正常散粉，子房正常，但果实很小，早期脱落；另一种是在雄蕊中间着生一发育不正常的子房，多早期脱落。二次雌花多在一次花后20~30天时开放，如能坐果，坚果成熟期与一次果相同或稍晚，果实较小，用作种子能正常发芽。用二次果培育的苗木与一次果苗木无明显差异。

二、授粉受精

核桃系风媒花。花粉传播的距离与风速、地势等关,在一定距离内,花粉的散布量随风速增加而加大,但随距离的增加而减少。据研究报道,最佳授粉距离应在距授粉树100米以内,超过300米,几乎不能授粉,这时需进行人工授粉。花粉在自然条件下的寿命只有5天左右。据研究报道,刚散出的花粉生活力高达90%,放置一天后降至70%,在室内条件下,6天后全部失活,即使在冰箱冷藏条件下,采粉后12天,生活力也下降到20%以下。在一天中,以9:00—10:00,15:00—16:00给雌花授粉效果最佳。

核桃的授粉效果与天气状况及开花情况有较大关系。多年经验证明,凡雌花短、开花整齐者,其坐果率就高;反之则低。据调查,雌花期5~7天的品种,坐果率高达80%~90%,8~11天的品种坐果率在70%以下,12天的品种坐果率仅为36.9%。花期如遇低温阴雨天,则会明显影响正常的授粉受精活动,降低坐果率。

有些核桃品种或类型不需授粉,也能正常结出有活力的种子,这种现象称为孤雌生殖。对此国内外均有报道。有报道称,部分核桃品种孤雌生殖率可高达60%,且雄先型树高于雌先型树。此外,用异属花粉授粉,或用吲哚乙酸、萘乙酸及2,4-D等处理,或用纸袋隔离花粉,均可使核桃结出有种仁的果实。这表明,不经受粉,核桃也能结出一定比例的有生殖能力的种子。

三、人工辅助授粉

核桃系风媒异花授粉树种,并且有雌雄异熟特性。雄花先于雌花开放称为雄先型，雌花先于雄花开放称为雌先型，雌雄花同时开放称为同熟型。雌先型和雄先型较为常见，约占50%，同熟型稀有少见。花期不遇常造成授粉不良，影响坐果率和产量。此外，核桃幼树最初几年只开雌花，2～3年后才出现雄花，影响授粉和坐果。为了提高坐果率、产量和坚果质量，应进行人工辅助授粉。各地的试验表明，人工授粉可比自然授粉提高坐果率15%～30%。主要方法和步骤如下。

（一）采集花粉

在雄花序基部小花开始散粉时，选择树冠外围生长健壮、无病虫害的枝条，剪取雄花序，置于室内或无阳光直射、干燥的白纸上，待大部分花药裂开三分后收集花药和花粉，并用细筛筛去杂质，将花粉收集在指形管或青霉素瓶中，置于2～5℃条件下备用，花粉生活力在常温下可保持5天左右，在3℃冰箱中可保持20天以上。瓶装花粉应适当通气，以防发霉。为适应大面积授粉的需要，可将原粉加以稀释，一般按1∶10加入淀粉，稀释后的花粉同样可以收到良好的授粉效果。

（二）选择授粉适期

授粉最佳时期是雌花柱头开裂并呈倒"八"字形时。此时，柱头羽状突起、分泌大量黏液，并具有一定光泽，利于花粉的萌发和授粉受精。此时正值雌花盛期，时间为2～3天，雄先型植株此期只有1～2天，要抓紧时间授粉，柱头反转或柱头干缩后授粉效果显著降低。有时因天气状况不良，同一株树上雌花期早晚可相差7～15天，可分两次进行授粉。

（三）授粉方法

1. 授粉器授粉

适用于树体较矮小的幼树。将花粉装入喷粉器的玻璃瓶中，在树冠中上部喷洒，喷头要在柱头30厘米以上，此法授粉速度快，但花粉用量大。也可用新毛笔蘸少量花粉，轻轻弹在柱头上，注意不要直接往柱头上抹，以免授粉过量或损坏柱头，导致落花。

2. 抖授花粉

对成年树或高大的晚实核桃树可采用花粉袋抖授法，将花粉装入2~4层纱布袋中，封严袋口，拴在竹竿上，然后在树冠上方迎风面轻轻抖撒。或将稀释花粉装入纱布袋中挂在树冠的上方，利用风力吹动纱布袋，使花粉自然分散。

3. 喷授法

可将花粉配成水悬液（花粉与水之比为1∶5 000），放入喷雾器中进行喷洒。在水悬液中加10%蔗糖和0.02%硼酸，可促进花粉发芽和受精，提高坐果率。

4. 挂雄花序

将采集的雄花序10多个扎成一束，挂在树冠上部，依靠风力自然授粉。

（四）疏雄花节省营养

核桃是雌雄同株异花植物，雄花着生在同一结果母枝的基部或雄花枝上，核桃雄花数量大，远远超出授粉需要，可以疏除一部分雄花。生产实践证明，在雄花的发育过程中，需要消耗大量树体内贮藏的营养，尤其是在雄花快速生长和开花时，消耗更为突出。此时正值我国北方干旱季节，水分往往成为生殖活动的限制因子，而雄花芽又位于雌花芽的下部，处于争夺水分和养分的有利位置，大量雄花芽的发育势必影响到结果枝的雌花发育。提早疏除过量的雄花芽，可以节省树体的大量水分和养分，有利当年雌花的发育，提高当年坚果产量和品质，同时也有利于新梢的生长和花芽分化。研究表明，疏除 90%~95% 雄花序，能减少树体部分养分的无效消耗，促进树体内水分、养分集中供应开花、坐果和果实生长发育，因而大幅度地提高产量和质量。疏雄花不仅有利于当年树体生长发育，提高果实品质和产量，同时也有利于新梢的生长，保证翌年的生产。

1. 疏雄时期

原则上以早疏为宜，一般以雄花芽未萌动前 20 天内进行为宜，雄花芽开始膨大时，为疏雄的最佳时期。因为休眠期雄芽比较牢固，操作麻烦，而雄花序伸长时，已经消耗营养，对树体不利。

2. 疏雄数量

每个雄花序有雄花 100~180 个。雌花序与雄花（小花）数之比为 1：（500~1 080）。若疏去 90%~95% 的雄花序，雌花序与雄花之比仍可达 1：25~1：60，完全可以满足授粉的需要。但雄花芽较少的植株和初果期的幼树，可以不疏雄。

第二节　结果特性与合理负载

一、结果特性

不同类型和品种的核桃树开始结果年龄不同，早实核桃 2~3 年，晚实核桃 6~8 年开始结果。初结果树，多先形成雌花，2~3 年后才出现雄花。成年树雄花量多于雌花几倍、几十倍，雄花和雌花在发育过程中，需要消耗大量树体内贮藏的营养，尤其是在雄花快速生长和雄花大量开花时，消耗更为突出，以致因雄花过多而影响果实产量和品质。

成年树以健壮的中、短结果母枝坐果率最高。在同一结果母枝上以顶芽及其以下第 1~2 个腋花芽结果最好。坐果的多少与品种特性、营养状况、气候状况和所处部位的光照条件等有关。一般一个果序可结 1~2 果，有些品种也可着生 3 个或多果。着生于树冠外围的结果枝结果情况较好，光照条件好的内膛结果枝也能结果。健壮的结果枝在结果的当年还可形成混合芽，结果枝中有 96.2% 于当年继续形成混合芽，而弱果枝中能形成混合芽的只占 30.2%，说明核桃结果枝具有连续结实的能力。核桃喜光与合轴分枝的习性有关，随树龄增长，结果部位迅速外移，果实产量集中于树冠表层。早实核桃二次雌花一般也能结果，所结果实多呈 1 序多果穗状排列。二次果较小，但能成熟并具发芽成苗能力，苗木的生长状况同一次果的苗无差异，且能表现出早实特性，所结果实体形大小也正常。

二、果实的发育

核桃果实发育是从雌花柱头枯萎到总苞变黄开裂，坚果成熟的整个过程。此期的长短因品种、气候和生态条件的变化而异，一般南方为 170 天左右，北方为 120 天左右。核桃果实发育大体可分为 4 个时期。

（一）果实速长期

一般在 5 月初到 6 月初，历时 30~33 天，是果实生长最快的时期，其体积生长量占全年总生长量的 90% 以上，重量则占 70% 左右，日平均绝对生长量达 1 毫米以上。

（二）果壳硬化期

又称硬核期，北方在 6 月下旬，坚果核壳自基部向顶部逐渐变硬，种仁由糊糊状物变成嫩核仁，果实大小基本定型，生长量减小，营养物质开始迅速积累。

（三）油脂迅速转化期

亦称种仁充实期，从硬核期到果实成熟，果实略有增长，到8月上中旬停止增长，此时果实已达到品种应有的大小。种仁内淀粉、糖和脂肪等含量迅速增加。同时，核仁不断充实，重量迅速增加，含水率下降，风味由甜淡变香脆。

（四）果实成熟期

8月下旬至9月上旬。果实各部分已达该品种应有的大小，坚果重量略增加，青果皮由深绿、绿色逐渐变为黄绿色或黄色，有的出现裂口，坚果易脱出。据研究，此期坚果含油量仍有较多增加，为保证品质，不宜过早采收。

三、疏花疏果及合理负载

（一）疏雌花

早实核桃因结果量大，容易造成果实变小，核壳发育不完整，种仁干瘪，发育枝少而短，结果枝细而弱，严重时造成大量枝条干枯，树体衰弱。为保证树体健壮，高产稳产，延长结果期，除了加强肥水管理和修剪复壮外，还要维持树体的合理负载，疏除过多的雌花和幼果。

1. 疏花时间

雌花在发育过程中，需要消耗大量树体内贮藏的营养。因此，从节约树体营养角度而言，疏花时间宜从现蕾到盛花末期进行。

2. 疏花方法

先疏除弱枝或细弱枝上的花，也可连同弱枝一同剪掉；每个花序有 3 朵以上花的，视结果枝的强弱，可保留 3 朵，坐果部位在冠内要分布均匀，郁闭内膛可多疏。

（二）疏幼果

早实核桃以侧花芽结果为主，雌花量较大，盛花期后，为保证树体营养生长与生殖生长的相对平衡，保持优质高产稳产和果实质量，必须疏除过多的幼果。否则会因结果太多造成果个头变小，品质变差，严重时导致树势衰弱，枝条大量干枯死亡。

1. 疏果时间

可在生理落果后，一般在雌花受精后 20~30 天，即子房发育到 1~1.5 厘米时进行。疏果量应依树势状况和栽培条件而定，一般以 1 平方米树冠投影面积保留 60~80 个果实为宜。

2. 疏果方法

先疏除弱枝或细弱枝上的幼果，也可连同弱枝一同剪掉；每个花序有 3 个以上幼果，视结果枝的强弱，可保留 2~3 个，坐果部位在冠内要分布均匀，郁闭内膛可多疏。

四、防止落花落果的技术措施

花期喷硼酸、稀土和赤霉素，可显著提高核桃树的坐果率。据山西林业科学研究所 1991—1992 年进行多因子综合试验，认为盛花期喷赤霉素、硼酸、稀土的最佳浓度分别为 54 毫克/千克，125 毫克/千克，475 毫克/千克。另外花期喷 0.5% 尿素，0.3% 磷酸二氢钾 2~3 次能改善树体养分状况，促进坐果。

第八章　果实采收与处理技术

果实采收和采收后处理，是实现优质、高效益的重要环节，也是产品增值和进入商品市场的最后一道管理程序。核桃果实采收时期对坚果品质有重要的影响，又因品种不同、地域不同、用途不同，采收时期有所差别。采收后果实脱青皮、坚果干燥、贮藏、分级、包装等环节，是提高坚果商品性状、产品价值和市场竞争力的重要措施，各核桃主产国都非常重视。

第一节　采收时期

一、不同产地和品种的采收时期

核桃果实成熟的外部特征是：青果皮由绿变黄，部分顶部出现裂纹，或青果皮容易剥离。内部成熟特征：种仁饱满、幼胚成熟、子叶变硬、风味浓香。核桃在成熟前30天左右果实和坚果大小基本稳定，但种仁重量、出仁率和脂肪含量均随采收时间适宜推迟而呈递增趋势。不同品种的采收期不同。一般认为80%的坚果果柄处已经形成离层，且其中部分果实顶部出现裂缝，青果皮容易剥离时为适宜采收期。

采收过早，青皮不易剥离，种仁不饱满，出仁率低，脂肪含量降低，影响坚果产量，而且不耐贮藏；采收过晚，果实易脱落，同时青皮开裂后停留在树上的时间过长，会增加感染霉菌的机会，导

致坚果品质下降。因此，为保证核桃坚果的产量和品质，应在坚果充分成熟且产量和品质最佳时采收。

核桃果实的成熟期，因品种和产地气候条件不同而异。早熟和晚熟品种之间果实成熟可相差 10～25 天。我国北方地区核桃的成熟期多在 8 月下旬至 9 月上旬，南方地区相对早些。同一品种在不同产区的成熟期有所差异。同一地区，平原区较山区成熟早，阳坡较阴坡成熟早，干旱年份较多雨年份成熟早。

目前，我国核桃"掠青"早采的现象相当普遍，且日趋严重。目前核桃的采收期一般提前 10～15 天，产量损失 8% 左右，按我国 2011 年产量 120 万吨统计，每年因早采收损失约 9 万吨。提早采收也是近年来我国核桃坚果品质下降的主要原因之一。因此，适时采收是增加产量和提高坚果质量的一项重要措施，应该引起主管部门和果农的足够重视。

二、不同用途品种的采收期

（一）干制核桃

根据不同采收期种仁内含物变化的测定结果，应在青皮变黄、部分果实出现裂纹、种仁硬化时采收。

（二）鲜食核桃

鲜食核桃是指果实采收后保持青鲜状态时，食用鲜嫩果仁。鲜食核桃应早于干制核桃采收，应在果实青皮开始变黄、种仁含水量较高、口感脆甜时采收。

（三）油用核桃

油用核桃的种仁含油量、坚果出仁率和成熟度密切相关。应选种适宜油用品种，采果期应在果实充分成熟、种仁脂肪含量最高时采收。

三、果实成熟期内含物的变化

（一）果实干重的变化

核桃果实成熟期间单果干重仍有明显增加，单果干重的 13.0%左右是成熟期间增加的，且单果干重变化主要表现在种仁干重的增加，最后种仁质量的 24.1%是成熟期间积累的，青皮及硬壳干重在成熟期间几乎没有变化。

（二）种仁中有机营养的变化

研究结果表明，核桃果实成熟期间种仁中的有机营养以脂肪含量最高，平均达 71.0%，其变化呈指数型积累；蛋白质含量次之，平均为 18.6%，其变化呈下降趋势；水溶性糖含量较低，平均为 2.5%，变化不大；淀粉含量很低，平均为 0.13%，变化不明显。

（三）果实青皮矿质元素的变化

有研究表明，早实核桃 '辽宁 1 号' 和晚实核桃 '清香' 果实成熟过程中，青皮中矿质元素含量是不同的：'清香' 青皮中钾的含量平均为 3.4%，是氮平均含量的 4.0 倍，磷平均含量的 21.8 倍。'辽宁 1 号' 中钾的含量平均为 3.3%，是氮平均含量的 3.2 倍，是磷平均含量的 25.6 倍。在核桃果实生长发育阶段，青皮中钾含量最高，并呈现先增加后降低的趋势，氮、磷和锌含量较低，变化比较平稳。早实核桃 '辽宁 1 号' 和晚实核桃 '清香' 青皮中钾含量变化趋势不同。

（四）种仁中矿质元素的变化

果实成熟过程中，种仁中钾的含量呈明显下降趋势，磷和锌的变化比较平稳。'清香'种仁中氮含量基本是先增加后下降趋势，'辽宁1号'种仁中氮的含量逐渐下降。在同一时期，早实核桃种仁中氮含量比晚实核桃种仁中氮含量要高。在果实生长发育阶段，氮和钾平均含量比磷的平均含量高，而且核桃种仁中氮和钾的波动性比磷和锌大。

第二节　采收方法

核桃果实采收方法有人工采收法和机械振动采收法2种。目前，我国普遍采用人工采收法。人工采收法是在核桃成熟时，用带弹性的长木杆或竹竿敲击果实。敲打时应该自上而下，从内向外顺枝进行。如由外向内敲打，容易损失枝芽，影响翌年产量。

机械震动采收法，在采收前10~15天喷500~2 000毫克/千克的乙烯利催熟，然后，用机械环抱震动树干，将果实震落于地面，可有效促使脱除青果皮，大大节省采果及脱青皮的劳动力，也提高了坚果品质，国外核桃采收多采用此类方法。喷洒乙烯利必须使药液遍布全树冠，接触到所有的果实，才能取得良好的效果。使用乙烯利会引起叶子轻度变黄或少量落叶，属正常反应。但树势衰弱的树会发生大量落叶，故不宜采用。

为了提高坚果外观品质，方便青皮处理，也可采用单个核桃手工采摘的方法，或用带铁钩的竹竿或木杆顺枝钩取，避免损伤青皮。采收装袋时把青皮有损伤的和无损伤的分开装袋。

第三节　脱青皮与坚果干燥处理

人工打落采收的核桃，70%以上的坚果带青果皮，故一旦开始采收，必须随采收、随脱青皮、随干燥，这是保证坚果品质优良的重要措施。带有青皮的核桃，由于青皮具有绝热和防止水分散失的性能，使坚果热量积累，当气温在 37℃ 以上时，核仁很易达到 40℃ 以上而受高温危害，在炎日下采收时，更须加快拣拾。核桃果实采收后，将其及时运到室内或室外阴凉处，不能放在阳光下暴晒，否则会使种仁颜色变深，降低坚果品质。

一、果实脱青皮

（一）人工脱皮法

核桃果实采收后，及时用刀或剪刀将青皮剥离，削净果皮。此法人工需要量大，效率低，目前基本不采用此法。

（二）堆沤脱皮法

收回的青果应及时放到阴凉、通风处，青皮未离皮时，可在阴凉处堆放（切忌在阳光下暴晒），然后按 50 厘米左右的厚度堆成堆。可在果堆上加一层 10 厘米左右厚的湿秸秆、湿袋或湿杂草等，这样可提高堆内温度，促进果实后熟，加快果实脱皮速度。一般堆沤 4~6 天后，当青果皮离壳或开裂达到 50% 以上时，可用脚轻踩，用棍敲击或用手搓脱皮。部分不能脱皮的果实用刀削除果皮或再集中堆沤数日，直到全部脱皮为止。堆沤时间长短与果实成熟度有关，成熟度越高，堆沤时间越短；反之越长，但切勿过长，以免使青皮变黑、坚果壳变色，防止污液渗入坚果内部污染种仁，降低坚果品质。在操作过程中应尽量避免手、脚和皮肤直接接触青皮。

（三）乙烯利脱皮法

此方法是我国核桃主产区广泛采用的脱青皮方法。果实采收后，

在浓度为 3 000~5 000 毫克/千克乙烯利溶液中浸蘸约 30 秒，再按 50 厘米左右的厚度堆在阴凉处或室内，温度维持在 30℃左右、相对湿度 80%~90%的条件下，再加盖一层厚 10 厘米左右的湿秸秆、湿袋或湿杂草等，经 2~3 天，离皮率达 95%以上。此法不仅时间短、工效高，而且还能显著提高果品质量。注意在应用乙烯催熟过程中，忌用塑料薄膜之类不透气材料覆盖，也不能装入密闭的容器中。

（四）冻融脱青皮

采收的核桃剔除病、虫害果后，在 -25~-5℃进行低温冷冻，至青皮冻透，然后升温至 0℃以上融化，采用机械或人工去除青皮。冻融法快速高效，脱皮率高，壳干净且色浅亮，绿色无污染。

（五）机械脱青皮法

用机械脱青皮可加一定量的清水，配合清洗工序一并进行。该方法脱青皮快。脱皮率高，没有污染，剥离青皮后的坚果用清水去除壳表面的青皮残渣。

二、坚果干燥方法

脱掉青果皮和洗净表面的坚果，应尽快进行干燥处理，以提高坚果的质量和耐贮运能力。坚果干燥方法主要有晾干法、烘干法和热风干燥法。

（一）晾干法

北方地区秋季天气晴朗、凉爽，多采用此法。漂洗干净的坚果，不能立即放在阳光下暴晒，应先摊放在竹箔或高粱箔上，在避光通风处晾半天左右，待大部分水分蒸发后再摊开晾晒。湿核桃在日光下暴晒会使核壳翘裂，影响坚果品质。晾晒时，坚果厚度以不超过两层果为宜。晾晒过程中要经常翻动，以达到干燥均匀、色泽一致，一般经过 10 天左右即可晾干。

（二）烘干法

在多雨潮湿地区，可在干燥室内将核桃摊在架子上，然后在屋内用火炉子烘干。干燥室要通风，炉火不宜过旺，室内温度不宜超过 40℃。

（三）热风干燥法

用鼓风机将干热风吹入干燥箱内，使箱内堆放的核桃快速干燥。鼓入热风的温度应在 40℃ 为宜。温度过高会使核仁内脂肪变质，当时不易发现，贮藏几周后即腐败不能食用。

第四节　分级与包装

一、坚果分级及安全指标

（一）分级的意义

核桃坚果分级是适应国际市场和国内市场需求、实行优级优价、保证商品质量、执行产品标准化、市场规范化的重要措施，也是产品市场竞争的需求。

（二）分级标准

在国际市场上，核桃商品坚果的价格与坚果的大小和质量有关，坚果越大价格越高。根据核桃外贸出口要求，坚果依直径大小分为三等：一等为 30 毫米以上，二等为 28~30 毫米，三等为 26~28 毫米。美国现在推出大号和特大号商品核桃，我国也开始组织出口 32

毫米商品核桃。出口核桃除要求坚果大小主要指标外，还要求壳面光滑、洁白、核仁干燥（核仁水分不超过 4%），成品内不允许夹带其他杂果，不完善果（欠熟果、虫蛀果、霉烂果及破裂果）总计不得超过 10%。

2006 年国家国标局颁布的《核桃坚果质量等级》（GB/T 20398—2006）国家标准中，以坚果外观、单果平均重量、取仁难易、种仁颜色、饱满程度、核壳厚度、出仁率及风味等 8 项指标，将坚果品质分为 4 个等级（表 8-1）。

表 8-1　核桃坚果不同等级的品质指标（GB/T 20398—2006）

	项目	特级	Ⅰ级	Ⅱ级	Ⅲ级
基本要求		坚果充分成熟，可免干净，缝合线紧密，无漏仁、虫蛀、出油、霉变、异味等，无杂质，未经有害化学漂洗			
感官指标	果形	大小均匀,形状一致	基本一致	基本一致	
	外壳	自然黄白色	自然黄白色	自然黄白色	自然黄白或黄褐色
	种仁	饱满,色黄白,涩味淡	饱满,色黄白,涩味淡	较饱满,色黄白,涩味淡	饱满,色黄白或淡琥珀色,稍涩
物理指标	横径/毫米	≥30.0	≥30.0	≥28.0	≥26.0
	平均单果重/克	≥12.0	≥12.0	≥10.0	≥8.0
	取仁难易度出仁率/%	易取整仁 ≥53.0	易取整仁 ≥48.0	易取1/2仁 ≥43.0	易取1/4仁 ≥38.0
	空壳果率/%	≤1.0	≤2.0	≤2.0	≤3.0
	破损果率/%	≤0.1	≤0.1	≤0.2	≤0.3
	黑斑果率/%	0	≤0.1	≤0.2	≤0.3
	含水率/%	≤8.0	≤8.0	≤8.0	≤8.0
化学指标	粗脂肪含量/%	≥65.0	≥65.0	≥60.0	≥60.0
	蛋白质含量/%	≥14.0	≥14.0	≥12.0	≥10.0

（三）坚果安全指标

1. 感官要求

同一品种果粒大小均匀，果实成熟饱满，色泽基本一致，果面洁净，无杂质，无霉烂，无虫蛀，无异味，无明显的空壳、破损、黑斑和出油等缺陷果。

二、包装与标志

核桃坚果包装主要有纸箱包装、塑料袋包装、金属容器包装及麻袋包装。国际市场商品优质核桃坚果多采用塑料袋包装或外加礼品盒包装。单件商品重量最多在 2.5 千克以内，主要面向超市及大型商场等场所。大宗商品采用麻袋包装，每袋 20~25 千克，袋口缝严。提倡用纸箱包装。装袋外应系挂卡片，纸箱上要贴标签。卡片和标签上要写明产品名、产品编号、品种、等级、净重、产地、包装日期、保质期、封装人员姓名或代号。

第五节　贮藏与运输

一、坚果贮藏要求

核仁含油脂量高，可达 60% 以上，而 90% 以上为不饱和脂肪酸，其中有 70% 左右为亚油酸及亚麻酸，这些不饱和脂肪酸极易被氧化而酸败，俗称"变蛤"。核壳及核仁种皮的理化性质对抗氧化有重要作用，一是隔离空气，二是内含类抗氧化剂的化合物。但核壳及核仁种皮的保护作用是有限的，而且在抗氧化过程中种皮的单宁物质因氧化而变深，虽然不影响核仁的风味，但是影响外观。核桃适宜的贮藏温度为1~3℃，相对湿度75%~80%。核桃坚果的贮藏方法因贮藏数量与贮藏时间而异，一般分为普通室内贮藏法和低温贮藏法。普通室内贮藏法又分为干藏法和湿藏法。

二、坚果贮藏方法

（一）常温贮藏

常温条件下贮藏的核桃，必须达到一定的干燥程度，所以在脱去青皮后，马上翻晒，以免水分过多，引起霉烂。但也不要晒得过干，晒得过干容易造成出油现象，降低品质。核桃以晒到种仁、壳由白色变为金黄色，隔膜易于折断，内种皮不易和种仁分离、种仁切面色泽一致时为宜。在常温贮藏过程中，有时会发生虫害和"返油"现象，因此，贮藏必须冷凉干燥，并注意通风，定期检查。如果贮藏时间不超过翌年夏季的，则可用尼龙网袋或布袋装好，进行室内挂藏。对于数量较大的，用麻袋或堆放在干燥的地上贮藏。

（二）塑料薄膜袋贮藏

北方地区，冬季由于气温低，空气干燥，在一般条件下，果实不至于发生明显的变质现象。所以，用塑料薄膜袋密封贮藏核桃，秋季核桃入袋时，不需要立即密封，从翌年2月下旬开始，气温逐渐回升时，用塑料薄膜袋进行密封保存，密封时应保持低温，使核桃不易发霉。秋末冬初，若气温较高，空气潮湿，核桃入袋必须加干燥剂，以保持干燥，并通风降低贮藏室的温度。采用塑料袋密封黑暗贮藏，可有效降低种皮氧化反应，抑制酸败，在室温25℃以下可贮藏1年。

如果袋内通入二氧化碳，则有利于核桃贮藏；若二氧化碳浓度达到50%以上，也可防止油脂氧化而产生的败坏现象及虫害发生；袋内通入氮气，也有较好效果。

（三）低温贮藏

若贮藏数量不大，而时间要求较长，可采用聚乙烯袋包装，在冰箱内0~5℃条件下，贮藏2年以上品质仍然良好。对于数量较多，贮藏时间较长的，最好用麻袋包装，放于-1℃左右冷库中进行低温贮藏。

在贮藏核桃时，常发生鼠害和虫害。一般可用溴甲烷（40克/立方米）熏蒸库房3.5~10小时，或用二硫化碳（40.5克/立方米）密闭封存18~24小时，防治效果显著。

尽可能带壳贮藏核桃，如要贮藏核仁，应用塑料袋密封（核仁因破碎而使种皮不能将仁包严，极易氧化），再在1℃左右的冷库内贮藏，保藏期可达2年。低温与黑暗环境可有效抑制核仁酸败。

此外，采用合成的抗氧化材料包装核桃仁，也可抑制因脂肪酸氧化而引起的腐败现象。

第九章 病虫害防治技术

在我国为害核桃的病虫害种类繁多，目前已知的害虫有 120 多种，病害 30 多种。依据主要受害部位分为：叶部病虫害、枝干病虫害、果实病虫害和根部病虫害。由于各核桃产区的生态条件和管理水平不同，病虫害的种类、分布及为害程度有很大差异。在防治方法上，以前多依赖毒性大、残效期较长的化学农药，产生了许多不良后果。

第一节　核桃主要病害

一、黑斑病

黑斑病，别名角斑病、灰斑病、褐斑病、细菌性黑斑病、黑腐病等，俗称"核桃黑"，属细菌性病害。

（一）为害特点

核桃黑斑病主要为害果实和叶片，也可侵染嫩枝。

幼果受害，先在果实表面形成近圆形油渍状褐色斑点，边缘不明显；后期逐渐扩大成圆形或近圆形黑褐色凹陷病斑。病斑扩大连接成片，深入果皮或果心。导致整个果实部分或全部变黑。早期受害易脱落，膨大期至成熟期受害果面形成褐色或黑色小点，后病斑凹陷，颜色变深。严重时，病斑连片，形成黑色大斑。近成熟期果实内果皮已经硬化，病斑仅局限于外果皮，病皮脱落后，内果皮外露（图9-1）。

图9-1　黑斑病果实危害状

叶片受害，多从叶脉或叶脉分叉处开始，先呈褐色小点，后期形成多角形或近圆形、褐色或黑褐色斑点，外围可见水渍状。严重时病斑连缀可形成不规则褐色大斑。后期为害可见穿孔、皱缩、畸形。

嫩枝受害，初期病斑淡褐色，隆起，外围有水渍状晕圈，扩大形成病斑，严重时扩展枝条一周，造成枯死。

（二）发生规律

核桃黑斑病病原细菌在病枝梢的病斑或病芽中越冬，翌年春季核桃萌芽展叶时，病菌逐渐自病斑内溢出，借助借风雨飞溅或昆虫传播到叶、果及嫩枝上为害，病菌可以从气孔、皮孔、蜜腺、花序（器）、花粉及各种伤口侵染，在合适的湿度条件下，温度在4~30℃都可侵染叶片，在5~27℃时可侵染果实，潜育期在不同部位存在差异，果实上为 5~34 天，叶片上为 8~18 天。该病可多次侵染，条件适宜可流行发生。核桃黑斑病一般 4 月中下旬开始发病，至 10 月果实采收均可为害。展叶期至花期叶片易受害，夏季多雨时发生严重。另外，虫害发生严重或粗放管理的果园，该病发生常严重。

（三）防治措施

1. 农业措施

（1）清园管理。春雨来临前，彻底清扫核桃园，及时清除病枝、叶、果等，深埋或烧毁，降低病原基数。

（2）栽培管理。增强树势，提高抗病力，特别要重视改良土壤，增施肥料，改善通风透光条件。

2. 化学措施

（1）核桃萌芽前，采用 77% 硫酸铜钙可湿性粉剂 400~500 倍液，或 45% 石硫合剂晶体 60~80 倍液，或 3~5 波美度石硫合剂进行枝干喷雾处理，效果显著。

（2）核桃生长期，在展叶期、落花后、幼果期及果实膨大期，50% 代森锰锌·戊唑醇可湿性粉剂 1 000~2 000 倍液，或 72% 硫酸链霉素可溶性粉剂 2 000~3 000 倍液；或 250 克/升吡唑醚菌酯乳油 1 000~1 500 倍液喷雾处理，效果显著。

二、炭疽病

炭疽病，属高等真菌性病害。

（一）为害特点

核桃炭疽病主要为害果实，也可侵染叶片、芽、嫩梢、嫩枝等。果实受害，初期果皮上出现褐色至黑褐色病斑，圆形或近圆形，后变黑中央下陷，病斑中央有许多褐色至黑色小点产生，有时呈同心轮纹排列。湿度大时，病斑上的小黑点处呈粉红色凸起，为病菌的分生孢子盘及分生孢子。1个病果常有多个病斑，病斑扩大连片后导致全果变黑，腐烂达内果皮，核仁无任何食用价值。发病轻时，核壳或核仁的外皮部分变黑，降低出油率和果仁产量。一般病果率为20%~40%，严重时可高达90%以上（图9-2）。

图9-2　炭疽病果实为害状

叶片受害，病斑不规则，在叶脉两侧病斑呈长条状枯黄，潮湿时上生黑色小点。

苗木和幼树、芽及嫩枝感病后，常从顶端向下枯萎，叶片呈烧焦状脱落。潮湿时在黑褐色的病斑上产生许多粉红色的分生孢子堆。枝干受害枝条上出现长条病斑，上部枝条枯死，枯枝表面上出现"馒头"状子实体。

（二）发生规律

核桃炭疽病菌主要以菌丝体和分生孢子盘在病果、病叶、芽上越冬，成为初侵染来源。翌年春季适宜条件下产生大量分生孢子，借风雨、昆虫传播，从伤口和自然孔口入侵，潜育期4~9天，一般幼果期易受侵染，6—8月发病重，并可多次进行再侵染。核桃炭疽病发病早晚、轻重与雨量有密切相关，降水早、雨量多、湿度大时发病率高且重，反之，发病率低且轻。核桃园株行距对于炭疽病发病也有影响，一般通风透光良好时发病率低，反之，则高。炭疽病发病严重程度与品种也有很大关系，早实薄壳核桃易发病，晚实核桃抗病。

（三）防治措施

1. 农业措施

（1）清园管理。清除病残体，及时将僵果、病枝叶深埋或烧毁，冬春季结合修剪彻底清除树上的枯枝可减少侵染病源。

（2）果园修剪及密植。合理修剪，科学密植，使果园通风透光，雨季及时排水，降低果园湿度，创造不利于病害发生和流行的环境条件。

（3）栽培管理。增强树势，提高抗病力，特别要重视改良土壤，增施有机肥菌肥和磷钾肥，提高核桃树的抗病力。

2. 化学措施

（1）核桃萌芽前，采用20%乙酸铜可湿性粉剂800~1 200倍液，45%石硫合剂晶体60~80倍液，或3~5波美度石硫合剂进行枝干喷雾处理，效果显著。核桃生长期，

（2）在展叶期、落花后、幼果期及果实膨大期，采用80%戊唑醇可湿性粉剂3 000~4 000倍液，或10%苯醚甲环唑水分散粒剂2 000~3 000倍液，或80%代森锰锌可湿性粉剂800~1 000倍液进行喷雾处理，防治效果较好。

三、溃疡病

溃疡病，别名干腐病、墨汁病，属高等真菌性病害。

（一）为害特点

核桃溃疡病主要为害主干、侧枝基部、嫩枝和果实，是核桃枝干上的一种常见病害。

枝干受害，初期在树干皮层呈隐蔽性为害，当病皮出现豆粒大小病斑时，皮层内已布满病斑。幼嫩枝干发病后，病斑初期呈水渍状或水泡状，破裂后流出黑褐色黏液，形成黑褐色近圆形病斑，无明显边缘。后期病斑干缩凹陷，中部开裂，其上产生许多小黑点，病皮上出现许多较大呈线状排列的黑色小点，即病原菌的分生孢子器。随病情发展，树皮纵裂，流出黑水，干后发亮。病害严重时，病斑迅速扩展形成大小不等的梭形或长条形病斑。当病斑绕树干一周时，致使枝干干枯或全株死亡。在老树皮上，病斑呈水渍状，中心黑褐色，四周浅褐色，无明显边缘，病皮下的韧皮部与内皮层腐烂，呈褐色或黑褐色，有时深达木质部，导致树势衰弱甚至全株枯死。

果实受害，病斑初期近圆形，逐渐扩大至全果，果面出现褐色或黑色粒状物，为病菌子实体，降水后生出白色分泌物，产生大量分生孢子。后期果皮皱缩成黑色僵果或变黑腐烂，病果易脱落。

（二）发生规律

核桃溃疡病病原菌以菌丝体、分生孢子器、分生孢子和菌丝体在核桃枯死枝条、干橛或病皮层内越冬。翌年4月上旬气温达14~16℃时菌丝开始生长，病菌产生分生孢子器和分生孢子，进行传播侵染。病菌分生孢子一般 5—6 月大量形成，借风雨及昆虫传播，多从皮孔、气孔、芽鳞痕、剪锯口及冻伤、日灼等处侵入。一般每年有 2 次发病高峰，第 1 次出现在 4 月下旬至 6 月上旬，6 月中旬后气温升高至 30℃ 以上时病害基本停止蔓延。8 月当外界温、湿度条件适宜孢子萌发和菌丝生长时，出现第 2 次发病高峰。11 月上旬病菌停止活动。病菌具有潜伏侵染特性，潜育期的长短与外界温度高低呈负相关，潜育期为 1~2 个月。

核桃树树势较弱、枝干伤口多是溃疡病多发的一个重要因素。土壤贫瘠、黏重、排水不良、果园地下水位高、管理粗放、冻害发生的果园发生一般较重（图 9-3）。

（三）防治措施

1. 农业措施

（1）清园管理。秋冬农闲季节及时清理树上枯枝、干橛等。生长季节出现的枯死枝也应及时处理，以降低病原菌数量。

（2）合理施肥。增施有机肥，适量施入磷、钾肥，少施氮肥，防止枝条徒长。

（3）合理灌溉。冬春季节干旱时及时浇水。冻水和芽前水要浇足、浇透。5—6 月适度浇水，雨季及时排水。

（4）适当适时修剪。在秋季落叶前或春季发芽后，避过核桃伤流期进行。剪除病枝、残桩、病果台，剪下的病枝条、病死树及时清除烧毁。剪锯口及其他伤口涂抹多菌灵油膏，减少病菌的侵染途径。

（5）树干涂白。秋后或早春适当树干涂白，减少冻害等对果树造成的伤害。涂白剂配方为生石灰 5 千克，食盐 2 千克，动物油 0.1 千克，豆面 0.1 千克，水 20 千克。

图 9-3　溃疡病树干为害状

2. 化学措施

（1）发病初期用刀刮除枝干病斑，深达木质部，或用小刀在病斑上纵横划道，涂抹 3 波美度石硫合剂或 1% 硫酸铜溶液等。刮除病斑时，树下铺报纸或塑料薄膜，将刮下的病树皮及时清除，集中销毁。

（2）核桃萌芽前，采用 3~5 波美度石硫合剂、5% 菌毒清水剂 50~100 倍液进行枝干喷雾处理，效果显著。

（3）核桃生长期，采用 10%苯醚甲环唑水分散粒剂 1 500~2 000 倍液，或 40%氟硅唑乳油 2 000~3 000 倍液；或 72%农用硫酸链霉素可湿性粉剂 1 000~1 500 倍液于雌花形成期和落花后喷雾 1 次处理，效果显著。

四、腐烂病

腐烂病，别名烂皮病、黑水病、流黑水病，属高等真菌性病害。

（一）为害特点

核桃腐烂病主要为害主干的皮层，因树龄和感病部位的不同，病害症状也有所差异，在较大、较粗的枝干上形成溃疡型病斑，在小枝上形成枝枯型症状。核桃腐烂病。是核桃枝干上的一种常见病害。

成年树受害，多形成溃疡斑，病斑潜伏皮层内，可深达木质部，病斑呈小岛状互相串联蔓延，病斑周围有大量白色菌丝集结，当看出明显病斑时，皮下病部已扩展至 20 厘米以上。后期病斑处沿树皮裂缝流出黏稠状黑水，干后发亮，像刷了一层黑漆（图9-4）。

幼树受害，病斑初期近梭形，暗灰色，水渍状，微隆肿，按压后可见带泡沫状液体流出，有酒糟味。后期病组织失水下陷，皮下形成许多小黑点。湿度大时，小黑点上有红色胶质丝状物涌出。病斑沿树干纵向发展，后期病部皮层纵裂，流出大量黑水，当病斑环绕树干一圈时导致全株死亡。枝条受害，可呈现两种表型，一种是失绿，皮层充水与木质部分离，致枝条干枯，其上产生黑色小点。另一种在剪锯口出现明显病斑，沿梢部向下或向另一分枝蔓延，环绕一周后形成枯梢。

图 9-4 核桃腐烂病成年树受害状

(二) 发生规律

核桃腐烂病病原菌为弱寄生菌，具有潜伏侵染特性，树势生长不良等因素有利于病菌的发生发展。腐烂病菌能以菌丝体、分生孢子器、子囊壳在病部树皮上越冬，也能以菌丝和分生孢子器形态在病害皮下面的木质部越冬。翌年早春树液流动时，病菌孢子借雨水、风力、昆虫等传播，从伤口侵入死亡的皮层组织，分泌有毒物质，杀死周围的活细胞，引起发病。核桃整个生长季节均可浸染受害，以春、秋季节发病最多，该病害一年有两次流行期，即 4 月下旬到 5 月，7 月下旬至 8 月。每年 7—9 月相对湿度较大时，新形成的分生孢子器会分泌大量分生孢子，形成分生孢子角，以菌丝或分生孢子器在病部组织越冬，成为翌年病害的初侵染源。但新病斑的形成、老病斑的扩展蔓延和分生孢子角的放射，以 4 月中下旬至 5 月为主要时期。

核桃树树势较弱、枝干伤口多、高接换头、嫁接伤口愈合不良等是腐烂病发生的重要因素。土壤贫瘠、黏重、排水不良、果园地下水位高、管理粗放、冻害发生的果园发生一般较重。除此之外，盛果期果树一般发病较重。

（三）防治措施

1. 农业措施

（1）品种选择。选择抗病力强的优良品种类型有利于该病从根本上降低受害风险。

（2）合理定植及肥水管理。潮湿的地区，定植时应适当考虑密植，并加强对树冠的控制，避免过度郁闭。核桃园设立排灌系统，降低地下水，控制灌水次数，生长期适当增施磷肥，增强树势，提高树体抗寒抗病能力，适时除草松土保墒。

（3）适当适时修剪。春、秋两季及时清洁果园，销毁枯枝败叶，消灭初侵染源。冬前及时剔除病枝、刮净病斑；加强树体保护，树干涂白防冻，降低树皮昼夜温差，降低冻害水平；发现伤口或病斑，及时除去病斑并进行消毒处理。

（4）树干涂白或早春喷雾处理。秋后、早春树干涂白，防止树干发生冻害或日灼伤。也可在早春喷洒果树防冻液，防止倒春寒对核桃树造成的危害。

2. 化学措施

（1）早春季节用刀刮除病斑后，采用30%戊唑·多菌灵悬浮剂50~100倍液，或70%甲基托布津可湿性粉剂50~100倍液，或50%多菌灵可湿性粉剂30~50倍液药剂伤口涂抹，刮下病斑、树皮等，树下铺报纸或塑料薄膜等，刮下的病树皮及时清除，集中销毁。

（2）核桃萌芽前，采用77%硫酸铜钙可湿性粉剂400~500倍液，或30%戊唑·多菌灵悬浮剂400~600倍液，250克/升吡唑醚菌酯乳油 1 000~1 500 倍液等喷雾处理，效果显著。

第二节 核桃主要虫害

一、黄刺蛾

黄刺蛾，别名扒架子、刺毛虫、洋辣子、洋拉子、痒辣子、羊辣罐、麻叫子、核桃虫、毒毛虫、刺蛾、八角虫、八角罐、白刺毛、天浆子、枣八角、棘刚子、八脚虎、毛公虫等（图9-5，图9-6）。

图 9-5　黄刺蛾低龄幼虫

（一）为害特点

黄刺蛾食性相对复杂，寄主植物多达90余种。可为害核桃、苹果、梨、桃、李、杏、樱桃、石榴、山楂、海棠、枣等。为害初期低龄幼虫一般群集在叶片背面取食叶肉，形成网状透明斑。后期分散为害，幼虫食量大增，为害加重，一般可将叶片全部吃光仅剩叶脉，严重时枝干仅剩光杆，严重影响树势和果实产量。另外，老熟幼虫作茧前常有啃咬树皮习性，可深达木质部，然后作茧越冬。黄

图 9-6　黄刺蛾越冬茧

刺蛾幼虫枝刺含有毒物质，接触人体皮肤时，常红肿且痒痛难忍。

（二）发生规律

黄刺蛾在山东地区一般发生 1 代，以蛹在枝干上的茧中越冬。一般 5 月中下旬开始化蛹，蛹期 15 天左右。6 月中旬开始出现成虫，成虫昼伏夜出，有趋光性。6 月下旬至 8 月中旬为幼虫发生期。8 月中下旬开始结茧越冬，7 月、8 月高温干旱常发生严重。

（三）防治措施

1. 农业措施

（1）人工防治。秋冬季及时摘除或破坏越冬虫茧。夏季低龄幼虫多群集取食，被害叶片呈现白色或半透明斑块，易被发现，及时摘除带虫枝、叶，加以处理，效果明显。

（2）树干绑草。黄刺蛾老熟幼虫作茧前，常沿树干下行，可采取树干绑草等方法及时予以清除。

2. 物理措施

黄刺蛾成虫具较强趋光性，成虫羽化期可在晚上 19:00—21:00 点利用灯光诱杀，并及时处理。

3. 化学措施

幼虫发生初期，利用40%毒死蜱乳油1 500~2 000倍液，或2%甲维盐微乳剂10 000倍液，或60克/升乙基多杀菌素悬浮剂2 000~3 000倍液进行喷雾处理，效果显著。

二、核桃缀叶螟

核桃缀叶螟，别名木橑黏虫、缀叶丛螟等。

（一）为害特点

核桃缀叶螟以幼虫为害核桃叶片。初孵幼虫常群集在叶面上吐丝结网，在网内啃食叶肉，叶片受害呈现筛网状。2、3龄后常分成几群为害，仅将嫩叶咬成小孔，4龄后分散活动，虫体增长迅速，易形成暴食，取食全叶或嫩梢、嫩枝，严重时可在短期内将整株或整片核桃林叶片吃光，造成枝干光秃，严重影响核桃正常光合作用，降低产量和品质。该虫白天常静伏于缠卷的复叶卷筒中，夜间为害，是核桃主要害虫之一（图9-7）。

（二）发生规律

核桃缀叶螟1年发生1代，以老熟幼虫在核桃根部、落叶、杂草层中结茧越冬。该虫一般4月化蛹，5月羽化、交配、产卵，5月下旬至7月为幼虫为害发生期。幼虫一般十几头至上百头结丝网群集为害，被害叶呈网目状。8月中下旬幼虫老熟，在树下结茧越冬。

图 9-7 核桃缀叶螟为害状

（三）防治措施

1. 农业措施

（1）加强检测。苗木引进时应加强检测工作，切断虫源，降低建园初期害虫基数。

（2）人工灭除。利用害虫在核桃根际、落叶、杂草层中结茧越冬的习性，秋冬季或早春挖除灭蛹。核桃生长季节，利用该虫群集为害的习性，人工摘除包叶中的幼虫、蛹。

（3）树干绑草。在老熟幼虫转移时，可采取树干绑草，诱集群集并适时解下草把，烧毁清除。

2. 物理措施

核桃缀叶螟成虫具较强趋光性，可在其羽化初期开始采用黑光灯、频振灯等诱杀成虫，并及时处理。

3. 化学措施

幼虫发生初期，利用 90% 晶体敌百虫 1 000~1 500 倍液，或 50% 辛硫磷乳油 1 000~1 500 倍液，或 2.5% 高效氯氟氰菊酯乳油 2 000~3 000 倍液进行喷雾处理，效果显著。

三、核桃潜叶蛾

核桃潜叶蛾，别名潜叶蛾、钻叶虫等。

（一）为害特点

核桃潜叶蛾属蛀叶型害虫，成虫产卵于嫩梢或叶脉边缘。幼虫潜入叶片阳面，在叶片的上下表皮之间取食和钻蛀，常在叶片形成弯曲蛀食道，取食叶肉，早期形成弯曲的虫道，后期片状为害，造成叶片表层与叶片脱离，隐约可看到幼虫和虫粪。该虫严重发生时，造成叶片残损、光合作用受阻，甚至叶片脱落，影响树势（图 9-8）。

图 9-8　核桃潜叶蛾为害状

（二）发生规律

核桃潜叶蛾 1 年发生 1 代，以蛹在土壤中越冬。该虫越冬代 4 月初化蛹，4 月中下旬可见越冬代成虫和第一代低龄幼虫，5 月下旬至 7 月为幼虫为害发生期。8 月后老熟幼虫在土壤中化蛹。

（三）防治措施

1. 农业措施

（1）果园清园。发生严重的地区，结合农事操作做好清园工作，焚烧枯枝落叶。

（2）翻耕灭蛹。发生严重地区可在早春翻耕树下土壤，杀灭越冬虫蛹，降低越冬基数。

2. 物理措施

核桃潜叶蛾有土壤中越冬的习性，严重的地区可在早春采用地膜覆盖的方法，阻止其羽化出土交配过程，效果显著。

3. 化学措施

幼虫发生初期，利用 2.5% 高效氯氟氰菊酯水乳剂 2 000~3 000 倍液，或 5% 甲维·高氯氟水乳剂 5 000~8 000 倍液，或 4% 甲维·氟铃脲微乳剂 3 000~5 000 倍液进行喷雾处理，效果显著。

四、美国白蛾

美国白蛾，别名美国白灯蛾、美国灯蛾、秋幕毛虫、秋幕蛾、色狼虫等。

（一）为害特点

美国白蛾食性杂，繁殖量大，适应性强，传播途径广，是为害严重的世界性检疫害虫，也是中国首批外来入侵物种。主要为害果树和观赏树木，尤其以阔叶树为重。该虫可为害核桃、板栗、柿子、苹果、山楂、梨、桃、杏、枣等果树。美国白蛾以幼虫取食叶片为害，初孵幼虫喜群集生活，孵化后吐丝结网，连缀叶片，群集网中取食叶片，叶片被食尽后，幼虫移至枝杈和嫩枝的另一部分织一新网。该虫老熟后开始分散为害，网目不明显，取食常造成叶片仅剩叶脉，严重时，全株叶片食光，导致树势严重衰弱，果实不饱满，产量降低，品质变劣。美国白蛾以蛹在枯枝落叶、墙缝、树洞、翘皮或土壤裂缝中越冬，该虫为杂食性害虫，可在果园和阔叶树种间转移为害，因此建议果园周边尽量不要栽植林木，以粮食作物或油料作物为主，以降低损失（图9-9）。

图9-9　美国白蛾老熟幼虫为害状

（二）发生规律

美国白蛾在山东1年发生3代，一般4月下旬至5月下旬越冬代成虫羽化、产卵。幼虫为害自5月上旬至6月下旬，7月上旬出现第1代成虫，成虫期延至7月下旬。第2代幼虫7月中旬开始发生，8

月中旬为其为害盛期，该时期经过第 1 代虫源数量积累，往往造成较大为害，经常发生整株树叶吃光、植株光秃的现象。8 月出现世代重叠现象，可以同时发现卵、初龄幼虫、老龄幼虫、蛹及成虫。8 月中旬，当年第 2 代成虫开始羽化。第 3 代幼虫为害期为 9 月上旬至 11 月中旬。10 月中旬第 3 代幼虫陆续化蛹越冬，蛹期持续到第 2 年 5 月。

（三）防治措施

1. 农业措施

（1）加强检疫。美国白蛾属检疫性对象，不同虫态均可随苗木、水果、木材及包装物等通过交通工具进行远距离传播，因此，应加强检疫，防止其为害蔓延。

（2）人工灭除。利用该虫低龄幼虫群集、结网的习性，可将该虫为害枝整枝剪下，装入黑色方便袋中，置于硬化的水泥地面上暴晒，可起到良好效果。

（3）潜所诱集。利用美国白蛾老熟幼虫沿树干下树寻找潜伏场所结茧习性，用稻草或麦秸、杂草等在树干上绑缚一周，诱集下树老熟幼虫，然后于化蛹前解下草把烧毁消灭虫源。

2. 物理措施

美国白蛾成虫具有趋光性，于成虫羽化期设置灯光诱杀成虫。

3. 化学措施

（1）幼虫发生初期，利用 25% 灭幼脲悬浮剂 1 500~2 000 倍液，或 20% 杀铃脲可湿性粉剂 3 000~4 000 倍液，或 240 克/升甲氧虫酰肼悬浮剂 2 000~3 000 倍液进行喷雾处理，效果显著。

（2）成虫发生期，利用美国白蛾性诱剂或环保型昆虫趋性诱杀器诱杀成虫，降低繁殖率，达到消灭害虫的目的。

五、草履蚧

草履蚧，别名草鞋虫、草鞋蚧、草履硕蚧、草鞋介壳虫、树虱子、桑虱、日本履绵蚧等。

（一）为害特点

草履蚧是一种食性杂、分布广、为害重的刺吸式害虫，以若虫和雌成虫刺吸为害核桃、板栗、桃、杏、李、枣、樱桃、梨、苹果、石榴、无花果、柿等果树枝条或嫩芽。树木受害后，树势衰弱、枝梢枯萎、发芽迟缓、叶片早落，严重时造成枝条或整株枯死，造成巨大的经济损失（图9-10）。

图9-10 草履蚧幼虫为害及防治

（二）发生规律

草履蚧1年发生1代，以卵在卵囊中于核桃树冠下距主干根茎周围 60 厘米范围内的土缝内、石块、烂草、杂物中越冬。越冬卵于翌年 2 月上旬开始孵化，向阳面卵孵化较早。若虫停留在卵囊内，当气温升高后开始出土上树为害。一般早期初期白天上树为害、夜间下树栖息，后期温度升高后则不再下树。3 月上旬达盛期。若虫出土上树多集中在 10:00—14:00，多在阳面沿树干向上爬到嫩叶、嫩枝、嫩芽等处吸食为害，虫体较大后则在较粗的树枝上取食为害。初龄若虫行动不活泼，喜在树洞或枝杈处隐蔽群居。4 月上旬若虫第 1 次蜕皮，蜕皮后虫体增长，活动性增强，开始分泌蜡质。4 月下旬第 2 次蜕皮，雄若虫不再取食，潜伏于树皮裂缝、土缝、杂草等处，分泌蜡质絮状物缠绕化蛹，蛹期约 10 天，5 月上旬羽化为成虫。5 月中下旬为交尾盛期。交尾后雄成虫死亡，雌成虫继续取食为害。5 月下旬雌成虫开始下树，钻入树干周围的石块下、土缝等处分泌白色絮状卵囊，产卵其中越夏，每只雌成虫最多可产卵 100 粒左右。草履蚧若虫、成虫的虫口密度高时，常出现群体迁移现象，爬满附近墙面和地面，令人厌恶或不适。

（三）防治措施

1. 农业措施

（1）清除虫源。秋冬季节核桃落叶后，及时清除树下的树叶、烂草等杂物，集中烧毁，以消灭其中的虫卵。结合田间农事操作，破坏虫卵的越夏和越冬场所。

（2）人工灭除。早春幼虫集中出土期，用粗布或草把等抹杀树干周围的初孵若虫，效果显著。

2. 物理措施

（1）物理阻隔。利用草履蚧上下树特点，在若虫上树前，在树干基部刮出一圈宽约 15~20 厘米老翘皮，绕树缠一圈宽约 10 厘米的胶带，或涂抹黏虫胶，或废机油、黄油和农药混合物质阻止杀灭该虫，阻止若虫上树为害。如死虫过多、过厚时应及时进行清理、更换或补涂药液。

（2）陷阱诱捕。5月下旬雌成虫下树产卵前，利用地钻开穴机或人工在树干周围挖半径90~100厘米、深15~20厘米的坑，坑内放置树叶、杂草等，诱集成虫入内产卵，集中杀灭。

3. 化学措施

核桃发芽初期，利用3~5波美度石硫合剂，或2.5%溴氰菊酯微乳剂2 000~3 000倍液，或48%毒死蜱乳油600~800倍液进行喷雾处理，效果显著。

六、桑白蚧

桑白蚧，别名桑盾蚧、桃白蚧、桃白介壳虫、桃介壳虫等，俗称"树虱子"。

（一）为害特点

桑白蚧是为害范围广、适应性强的一类害虫。可为害核桃、柿、桃、樱桃、杏、李、苹果、梨、葡萄等果树。以成虫、若虫群集刺吸为害，枝干、枝条、果实等均可受害，尤以枝干受害最重，严重时枝干表面完全被虫体覆盖，呈现灰白色。新生枝条受害常形成局部坏死点，严重时导致枝条枯死。成熟枝条受害，部分或全部核桃树枝干覆满蚧壳，层层叠加，被害核桃树发育不良，生长受阻，春秋发芽迟缓。桑白蚧连年为害可造成整株枯死，严重影响核桃产量。果实受害易形成斑点，降低商品价值，影响口感和品质（图9-11）。

（二）发生规律

山东地区桑白蚧1年发生2~3代。3月下旬越冬成虫开始取食。

图 9-11　桑白蚧为害状

4月中下旬开始产卵于壳下，5月中旬进入产卵盛期。第 1 代若虫 5 月中下旬进入孵化盛期，孵化期较整齐。7月上中旬为第 1 代成虫盛发期，7月下旬为第 2 代若虫孵化盛期，9月雌雄交配，雌虫为害至9月下旬，10月以受精雌成虫寄生枝干逐渐进入越冬状态。

（三）防治措施

1. 农业措施

（1）人工刷除。用硬毛刷、棕毛刷或钢丝球刷等轻刷破坏介壳虫体，降低害虫基数。

（2）及时修剪。除病虫枝，减小虫口基数和提高透光率，抑制桑白蚧的扩散和繁殖。

（3）施肥促壮。发生严重的果园通过深翻改土、增施农家肥或有机肥、种植绿肥、喷施或根施肥料，加强果园田间管理，促进果树枝条健壮生长，恢复和增强树势。

2. 物理措施

冬季最冷时节，利用喷雾机树干喷雾，待形成薄冰时用木棍轻敲或晃动树体，使冰与虫体一起震落，可起到一定的效果。

3. 化学措施

（1）核桃越冬前及春季果树发芽前，喷 1 次 3 波美度石硫合剂或 3%~5% 柴油乳剂或 5%~6% 煤焦油乳剂，对桑白蚧有较好的防治效果，可有效杀灭越冬雌成虫。

（2）若虫孵化期（5 月中下旬），利用 22% 氟啶虫胺腈悬浮剂 4 000~6 000 倍液，或 40% 毒死蜱微乳剂 1 500~2 500 倍液，或 3% 苯氧威乳油 1 000~2 000 倍液进行喷雾处理，效果显著。

七、核桃举肢蛾

核桃举肢蛾，别名举肢蛾等，其为害称"核桃黑、黑核桃"。

（一）为害特点

核桃举肢蛾是一种蛀果性害虫，其为害后期造成核桃外果皮呈酱黑色或黑色，该现象被称为"核桃黑、黑核桃"。核桃举肢蛾在山东核桃产区均有分布，且发生严重，特别是在老龄果园中，蛀果率为 60% 左右，严重的高达 100%，其发生为害常严重挫伤核桃种植户的积极性。核桃举肢蛾幼虫在果面爬行 0.5~2.0 小时后蛀入果实为害。初蛀入时，孔外出现透明白色胶珠，后变为琥珀色，孔内充满虫粪。被害以后，青皮皱缩，逐渐变黑，但不一定会造成落果。只有在青皮内为害到果柄和果实结合部时，才会造成果实脱落。有时果实虽然未落，但核桃仁变质、干缩、变黑，大大降低了果实品质和食用价值。幼虫一般不为害种仁，只有在果实青皮内的纵横虫道为害到果柄和果实相接处，幼虫才从果脐处内果皮硬壳缝隙中蛀入种仁。幼虫蛀入青皮后，在果内为害期为35～40天。核桃举肢蛾成虫羽化后多栖息于草丛、石块或核桃叶背面，后足上举，并常作划船状摇动，行走用前、中足，飞翔、交尾、产卵多在下午进行。核桃举肢蛾卵多产于两果交接处、果柄基部凹陷处和果实端部残存柱头处。幼虫成熟后，咬出直径为0.1～0.2厘米的近圆形的小孔钻出，脱果坠于地面，幼虫入土结茧越冬。该虫是近年来核桃主要害虫之一（图9-12）。

图9-12　核桃举肢蛾为害状

（二）发生规律

山东地区核桃举肢蛾发生2代，以老熟幼虫在树冠下杂草、枯枝败叶、树干基部粗皮裂缝、土壤或石块等缝隙中结茧越冬。越冬幼虫3月下旬开始化蛹，4月中旬为化蛹盛期，4月下旬化蛹结束。第1代成虫4月上旬开始出现，4月中下旬为发生盛期，5月上旬基本结束。第1代幼虫5月上旬开始出现，5月下旬脱果入土化蛹，6月中旬为化蛹盛期，6月上旬第2代成虫出现，6月中下旬为成虫发生高峰，6月下旬为产卵盛期，7月上旬为二代幼虫入果盛期，8月中旬至9月上旬幼虫先后老熟脱果入土做茧越冬。成虫的发生主要有2个高峰，分别集中在4月中下旬和6月中下旬，其中4月中下旬高峰成虫发生数量较小，6月中下旬成虫发生数量较大。由于幼虫活动持续时间短，而蛹期耐药性强，故化学防治重点放在成虫活动高峰期。核桃举肢蛾的发生与土壤湿度有密切关系。阴坡、沟谷的果园发生较严重。管理粗放、树势较弱、较潮湿的环境发生较严重，干旱年份较轻。

（三）防治措施

1. 农业措施

（1）施肥促壮。深翻改土、增施农家肥或有机肥、种植绿肥、喷施或根施肥料，加强果园管理增强树势，提高树体抵抗力。

（2）合理修剪。科学修剪，剪除病残枝及茂密枝，调节通风透光，注意果园排水，保持适当的温湿度，结合修剪，清理果园，减少虫源。

（3）摘除、捡拾虫果。核桃生长季节及时摘果，每隔3～5天捡拾一次落果，降低害虫基数。

（4）堆放场所清理。带青皮核桃堆放处需及时清扫，消灭其中的幼虫。

2. 物理措施

物理阻隔。在4月上旬幼虫出土之前用地膜覆盖，阻止幼虫羽化出土，效果显著。

3. 化学措施

（1）树冠喷雾。4月中下旬和6月中下旬，利用4.5%高效氯氰菊酯水乳剂1 500～2 000倍液，或40%毒死蜱微乳剂1 500～2 500倍液，或90%灭多威可溶性粉剂3 000～4 000倍液进行喷雾处理，效果显著。

（2）地面处理。成虫羽化出土前，利用 48% 毒死蜱乳油 300~500 倍液，或 50% 辛硫磷乳油开展地面处理，效果显著。

八、云斑天牛

云斑天牛，别名云斑白条天牛、多斑白条天牛、白条天牛、大钻心虫、大水牛、铁牯牛等（图 9-13）。

图 9-13　云斑天牛成虫

（一）为害特点

云斑天牛是核桃的主要蛀干害虫之一，可为害核桃、板栗、李、苹果、梨、山楂、无花果等。成虫咬食新枝嫩皮、叶片、叶柄或树皮等补充营养造成为害。幼虫孵化后先蛀食韧皮部，后钻入木质部，严重者可造成核桃整株枯死。除此之外，树干受害后以招致其他病虫侵染，导致枝叶稀疏，长势衰弱，果实和木材品质降低，减产甚至绝收。被害枝干遇到大风或负载过重，易折断，造成巨大损失，影响安全生产（图9-14）。

图9-14 云斑天牛羽化孔

（二）发生规律

云斑天牛在山东2~3年1代，以幼虫、蛹或成虫越冬。成虫于翌年4—6月羽化飞出，补充营养后产卵。卵多产在距地面1.5~2米处树干的卵槽内，卵期约15天。幼虫于7月孵化，此时卵槽凹陷，潮湿。初孵幼虫在韧皮部为害一段时间后，即向木质部蛀食，被害处的树皮向外纵裂，可见丝状粪屑，直至秋后越冬，翌年继续为害。于8月幼虫老熟化蛹，9—10月成虫在蛹室内羽化，不出孔就地越冬。来年随着气温的升高，云斑天牛越冬成虫开始对核桃树干咬圆形出孔，云斑天牛4月下旬开始脱孔，5月下旬脱孔高峰，6月下旬基本完成。云斑天牛成虫一般晴天、气温较高时脱孔数量较多。脱孔后，停息在核桃树树冠或其他树的隐避处，活动很少。1~2天后开始取食核桃嫩枝树皮及叶柄补充营养，主要取食嫩叶及 1 年生嫩枝的皮层。雌虫取食活动多，而且量大，雄虫取食量少。取食时间主要在 20:00—22:00。3~5 天后交配，此时雄虫飞翔较多，雌虫以爬行为主，交配多在晴天或天气闷热的傍晚进行。云斑天牛可进行多次交尾，并持续补充营养，产卵初期为 5 月中旬，6 月中旬为高峰期。产卵时将头向下扒在树上，用嘴在核桃树树皮上咬出长 0.7~1.3 厘米、宽 0.1~0.3 厘米、深 0.2~0.4 厘米垂直于枝干的刻槽，刻槽咬出后、天牛转头把产卵管从刻槽上沿的树皮中央插入，在树皮中上下撬开裂缝，形成产卵孔。云斑天牛产完 1 粒卵后爬行平均2.0~3.0 厘米，调头开始刻槽并产下第 2 粒虫卵。云斑天牛每次连续产卵 5~8 个，最少 1 个最多 18 个，卵在树干树枝上纵向排列，可根据其产卵特性开展防控。

（三）防治措施

1. 农业措施

（1）严格检疫。云斑天牛传播能力不强，主要依靠苗木、或木材调运进行远距离传播，因此，应该严格检疫，防止其扩散为害。

（2）人工捕杀。云斑天牛个体较大，极易发现，可于 6—7 月人工捕捉。

（3）避免混栽。核桃建园选址时，应尽量避免邻近杨树、柳树、桦树等。

（4）钩杀幼虫。在幼虫为害期，利用铁丝或钢丝制作小钩，钩杀幼虫。

（5）树干涂白。树干涂白防止成虫产卵和杀灭低龄幼虫，具体配方为生石灰 5 千克、食盐 0.25 千克、硫黄 0.5 千克、水 20 千克混匀使用。

2. 化学措施

（1）树冠喷雾。在成虫羽化为害期，利用 70% 辛硫磷乳油 1 500~2 000 倍液，或 40% 毒死蜱微乳剂 1 500~2 500 倍液，10% 吡虫啉可湿性粉剂 1 000~2 000 倍液，或 3% 苯氧威高渗乳 1 000~1 500 倍液进行喷雾处理，效果显著。

（2）熏杀或注干防虫。成虫羽化出土前，利用 1/12~1/6 磷化铝片剂放入虫孔，泥封，熏杀虫道内的幼虫、蛹和未出孔的成虫。或树芽萌动期至落叶前（以树液流动的 4—8 月效果最好）在虫害部位斜向下 45° 钻孔，斜插瓶装 0.3% 氯菊酯液剂，孔数量（用药量）根据树的胸径大小和虫害为害程度而定，一般情况下胸径 8~10 厘米插 1 瓶，胸径每增加 10 厘米增加 1 瓶，尽量插在树干虫孔正下方 3~5 厘米处（图 9-15）。

九、山楂叶螨

山楂叶螨，别名山楂红蜘蛛、樱桃红蜘蛛、红蜘蛛等。

（一）为害特点

山楂叶螨，可为害核桃、梨、苹果、桃、樱桃、山楂、李等多种果树。主要为害叶片，严重时也可为害嫩芽、枝梢、和幼果。幼螨、若螨、成螨多群集吸食叶片及幼嫩芽的汁液。叶片严重受害后，先是出现很多失绿小斑点，随后扩大连成片，严重时全叶变为焦黄而脱落。嫩芽受害，造成芽势衰弱，甚至不能萌发（图 9-16）。

（二）发生规律

山楂叶螨在我国北方果区 1 年发生 5~9 代。以受精的越冬型雌成螨在枝干树皮裂缝内、粗皮下及靠近树干基部的土块缝里越冬。

图 9-15　云斑天牛蛀干防控

越冬雌成螨于翌年春季花芽膨大时开始出蛰上树，待芽萌动时即转到芽上为害，展叶后即转到叶片上为害。整个出蛰期长达 40 天左右，但大多集中在 20 天内出蛰，因此花期是防治出蛰雌成螨的关键期。6—7 月高温干旱季节繁殖快，数量多，进入全年高峰为害期。进入雨季时为害有所下降。9 月开始出现越冬雌成螨，10 月开始进入越冬场所越冬。

图9-16　山楂叶螨为害

（三）防治措施

1. 农业措施

人工灭除。山楂叶螨主要在树干基部土缝里越冬，可在树干基部培土拍实，防止越冬螨出蛰上树。

2. 化学措施

树冠喷雾。核桃萌芽期，采用3~5波美度的石硫合剂，或45%石硫合剂晶体40~60倍液喷干处理。核桃生长期，可根据果园内的山楂叶螨的发生情况，确定是否开展药剂防控。可选用的药剂有1.8%阿维菌素乳油2 000~3 000倍液，或15%哒螨灵乳油1 000~2 000倍液，或25%三唑锡可湿性粉剂1 500~2 000倍液，或240克/升螺螨酯悬浮剂4 000~5 000倍液进行喷雾处理，效果显著。

主要参考文献

陆斌，宁德鲁，2011. 美国核桃产业发展综述及其借鉴 ［J］. 林业调查规划，36（3）：98-105.

裴东，鲁新政，2011. 中国核桃种质资源 ［M］. 北京：中国林业出版社.

郗荣庭，2015. 中国果树科学与实践：核桃 ［M］. 西安：陕西科学技术出版社.

张美勇，徐颖，相昆，等，2011. 核桃安全生产技术指南 ［M］北京：中国农业出版社.

张美勇，徐颖，相昆，2015. 山东省核桃产业发展的问题与对策 ［J］. 落叶果树，47（5）：1-3.